大众安全与防护普及知识丛书　总主编　唐克东

室内环境污染与防护

刘慧卿　傅　建　主编

U0791014

黄河水利出版社
·郑州·

图书在版编目(CIP)数据

室内环境污染与防护/刘慧卿,傅建主编. —郑州:黄河水利出版社,2013.2

ISBN 978-7-80734-993-8

Ⅰ.①室… Ⅱ.①刘…②傅… Ⅲ.①室内空气-空气污染-空气污染控制-普及读物 Ⅳ.①X510.6-49

中国版本图书馆CIP数据核字(2013)第015377号

出 版 社:黄河水利出版社

地址:河南省郑州市顺河路黄委会综合楼14层 邮政编码:450003

发行单位:黄河水利出版社

发行部电话:0371-66026940、66020550、66028024、66022620(传真)

E-mail:hhslcbs@126.com

承印单位:黄河水利委员会印刷厂

开本:850 mm×1 168 mm 1/32

印张:4.75

字数:100千字 印数:1—4 000

版次:2013年2月第1版 印次:2013年2月第1次印刷

定价:11.00元

前 言

我国是世界上人口最多的发展中国家,农民占全部人口的近70%,大众的生活、生产安全是全面建设小康社会、加快推进现代化进程、构建和谐社会、实现经济社会可持续发展的前提条件和基础。我国广大人民群众,尤其是广大农民对大众安全与危害救护知识缺乏了解,对安全常识、危险应对、灾害自救的重要性尚未引起高度重视。这些均与安全知识推广与宣传教育机制不到位,相关科学普及读物比较缺乏有很大的关系。

为了推广与普及安全知识,帮助广大人民群众了解一些常见危险和灾害的基本概念、原理,掌握基本的、实用的救护与应对方法、措施,把公众安全与健康落实到千家万户,尽可能减少各种危害所造成的损失,黄河水利出版社组织编写了大众安全与防护普及知识丛书。该系列丛书包括:《常见重大自然灾害及抢险救护》、《室内环境污染与防护》、《燃气安全使用与消防救护》、《电气安全基础知识》、《小型农田水利基本设施维护与使用》、《农村饮水安全工程知识读本》等。在编写中遵循“坚持标准、内容精练、结合实际、突出应用、通俗易懂”的指导思想,将广大人民群众作为主要的阅读对象,从有利于基层教学和农民自学出发,力求内容能适应基本生活、生产安全的要求。

本系列丛书编写过程中,得到了华北水利水电学院建筑学院院长兼设计院院长张新中教授级高级工程师和省级特聘教授赵顺波的大力支持与帮助,同时得到华北水利水电学院霍洪媛教授、周国峰副教授、刘焕强老师、张英克老师、李雨阁老师,四川大学朱国宇博士,黄河勘测规划设计有限公司张鹏工程师,珠江水利科学研究院李玉起工程师等的大力支持,在此表示衷心的感谢。

对本系列丛书编写过程中参考的书籍、文献和网上资料等的作者表示衷心感谢。

由于编写时间仓促,编者水平有限,书中如有不当和错误之处,敬请广大读者批评指正。

编　者

2012 年 12 月

目 录

第 1 章　室内环境

1.1　什么是室内环境

国外调查报告指出,居民纯粹在室外的平均时间只有 5% 左右,另有 7% 的时间在交通工具内,每天有近 90% 的时间在室内,因此室内环境对人体的舒适与安全是十分重要的。

所谓室内环境,通常是相对于室外环境而言的,我们所说的室内环境通常是由天然材料或人工材料围隔而成的微小空间的环境,如住宅、办公室、教室、医院、商场等,除此之外,火车、汽车、飞机等交通工具的环境也都属于在室内环境的范畴。

室内环境,包括室内空气环境、室内热湿环境、室内声环境与室内光环境四个方面。健康的室内环境是指,在满足使用者工作和生活基本需求的基础上,还要满足生存、审美的需求和安全、健康的需求,是舒适、安全、环保的高品质的状态。

1.2　安全舒适的室内环境

这里的安全舒适是指在建筑满足其基本功能的基础上,突出健康要素,以人类健康的可持续发展为理念,满足使用者营造出健康、安全、舒适和环保的高品质室内环境。其主要包括以下几方面:

(1)采用生态环保型装修材料。材料自身的环保性好,不存在危害自然环境的成分和材料,防止和减少室内污染对人体健康的危害。要严格控制室内装修材料质量,生态环保型装修材料正在逐步实现清洁生产和产品生态化,在生产和使用过程中对人体及周围环境都不产生危害。由于目前装修材料质量良莠不齐,因此装修材料首先要考虑选择无毒气散发、无刺激性、无放射性、低二氧化碳排放的材料。

(2)利用技术手段创造舒适环境。合理运用绿色植物装点空间。一方面,可以在室内种植绿色植物,既美观又可起到净化空气的作用;另一方面,可采用种植屋面等技术手段,既可补充地面绿化的不足,又可改善普通屋顶的保温隔热性能。此外,室内绿化还与建筑自然通风、自然采光的处理结合,从而改善室内空间与自然的隔离状况。

(3)节约常规能源技术。利用环保产品如太阳能集热器、双层隔热玻璃等,或充分运用节能型灯具、节水型部件,从而达到节约常规能源的效果,如此既可减轻环境负荷的节能新技术,又可创造健康舒适的室内环境。

总结以上几点会发现,室内环境都是以"人"为主体的。因此,营造一个安全舒适的室内环境,不但要考虑各方面的多种客观因素,还要考虑使用者的生活习惯和心理需求。

1.3 室内空气品质的定义

人们认识室内空气品质的经历十分艰难。20 世纪 80 年代,人们开始用主观感受来评价室内的空气品质,丹麦学者 P. O. FANGER 教授在 1989 年提出:品质反映了满足人们要求的程度,如果人们对空气满意就是高品质,反之就是低品质。室内空气品质的定义为:空气中没有已知的污染物达到公认的权威机构所确定的有害物浓度指标,且处于这种空气中的绝大多数人($\geq 80\%$)没有对此表示不满意。

美国 ASHRAE(美国采暖、制冷与空调工程师学会)标准 62—1999 中提出了"可接受的感知室内空气品质"和"可接受的室内空气品质"等概念。可接受的感知室内空气品质是指:空调空间中绝大多数人没有因为气味或刺激性而表示不满;可接受的室内空气品质是指:空调空间中绝大多数人没有对室内空气表示不满意,并且空气中没有已知的污染物达到可能对人体健康产生威胁的浓度。后者相比前者对室内空气品质要求更高，弥补了前者只凭主观感受来评价空气品质的不足，把客观评价和人的主观感受有机结合起来，比较科学全面。

1.4 室内环境标准体系

室内环境标准体系包括以下七个部分，现分别加以叙述。

1）室内空气质量标准

《室内空气质量标准》共有 19 项指标，共分四类室内环境质量参数，它全面地列出了空气中与人体健康密切相关的各项因素，属于综合性的质量标准。

2）公共场所卫生标准

对于具体的公共场所（室内环境），根据其具体环境特点、人体健康等因素，分别规定了室内应检测的参数，除空气参数外，有的公共场所还包括了噪声、照度。

3）民用建筑工程室内环境污染控制规范

《民用建筑工程室内环境污染控制规范》就是一种强制性国家标准，是针对民用建筑工程竣工验收时，对室内环境污染物（甲醛、氨、苯、氡、TVOC（总挥发性有机物））的浓度限量作出明确规定，属于具有明确用途的室内空气质量标准。

4）室内装饰装修材料中有害物质限量

室内环境污染物主要来自室内装饰装修材料（8 种）和建筑材料（2 种）。为此，国家出台了这 10 种材料的有害物质的强制性国家标准。每种装饰装修材料依其组成特性，分别确定了具体有害物质的限量值。这 10 项国家标准，由国家质量监督检验检疫总局发布，在全国范围内适用，它是对影响室内空气质量的主要污染物的控制标准。

5）室内环境基础标准、检测方法标准

室内环境基础标准是指在环境标准化工作范围内，对有指导意义的符号、代号、指南、程序、导则及其他通用技术要求等作出的技术规定。它是制定其他环境标准的基础。室内环境基础标准主要包括管理标准、名词术语标准、符号、代号以及空气监测技术导则等。

室内环境检测方法标准是指为统一室内环境检测的采样、保存、结果计算和测定方法所作出的技术规定。其标准的构建,主要采用已颁布使用的“环境空气”的检测方法和“公共场所卫生标准”检验方法,另一部分是以“附录”的形式同“室内环境标准”一并发布。

6)室内环境标准样品标准和仪器设备标准

室内环境监测的标准分析方法都是相对标准样品进行定量的方法,即相对分析法。因此,室内监测离不开标准物质(样品),目前已有专门用于室内环境监测用的甲醛、氨、苯、甲苯、二甲苯、TVOC、二氧化硫、二氧化氮、一氧化碳、二氧化碳等标准样品(有标准样品号、标准值及不确定度的证书),可在国家环保总局标准物质研究所购买。

室内环境检测仪器标准,主要是为了保证室内环境检测数据的可靠性和可比性,对检测仪器的技术要求所作出的统一规定。目前,室内环境检测用的现场直读的检测仪器的技术要求,多体现在空气质量检测的标准和检测方法的标准中,必须按此技术要求选购检测仪器。

7)室内环境质量“单行标准”

1995 年以来,室内环境质量越来越受到人们的关注,特别是一些污染物对人体健康有严重危害的个案不断出现,因此由国家技术监督局相继制定和颁发了以单一种污染物在环境的控制限量的室内卫生标准,即室内环境质量标准。

第2章　室内空气环境

2.1　什么是室内空气污染

室内空气污染,是指室内空气中一种或几种物质的性质、浓度、持续时间达到一定程度,引起室内人员一系列不适应症状的现象。其产生的原因是室内存在能释放有害物质的污染源或室内通风不畅,这些物质可能是粉尘、烟尘、微生物、有毒气体等,由于其存在,导致室内卫生状况恶化,直接或间接影响了居民的身体健康或精神健康,妨碍居民的正常生活。

2.2　室内空气污染的特点

1)累积性

由于室内环境是相对封闭的空间,室内的各种物品,如家具、装修材料等都会释放出有害物质,这些物质会在室内不断累积,导致污染物浓度增大,对人体造成危害。特别是对于通风状况不好的房间,污染物从进入室内导致浓度升高到排出室外浓度渐趋于零,大都需要经过较长的时间,因此应注意房间的通风情况,在通风环境较好的室内污染物的浓度一般较低。

2)长期性

由于多数人的大部分时间都处于室内环境,即使浓度很低的污染物,在长期作用于人体后,也会影响人体健康。因此,长期性也是室内污染的重要特征之一。

3)低剂量

室内空气中的污染物质有时浓度很低,一般来说,如果能够感觉到气味的存在,就说明污染物质的浓度已经比较高了。但因污染物质一般剂量低,不会立即致病、致死,往往使人产生麻痹心理。这在装修造成的室内环境污染中是十分常见的现象,低剂量的有害物质往往容易被人们忽视,造成危害健康的安全隐患。

4)多样性

多样性是指室内空气污染物种类众多,其来源极具多样性。调查结果显示,近70%的疾病和室内空气污染有关。

5)季节性

夏天室内空气污染比其他季节高出20%以上。其原因如下:

(1)夏天室内温度高,湿度大,有毒有害气体在高温高湿的环境中释放量增加,资料显示,室内温度在30℃时室内有毒有害气体释放量最高。此外,微生物在高温高湿条件下容易大量繁殖,弥散于室内空气中,导致空气中有害微生物数量增加。

(2)人体在夏季新陈代谢旺盛,排泄物增加,如出汗量增大等。

(3)夏天气压低,室内外空气对流减少,有毒有害气体易滞留室内。

(4)许多人在夏天使用空调,关闭门窗,导致室内外空气流通减少,室内空气新鲜程度下降。

2.3 室内污染的主要类型有哪些

根据国家质量监督检验检疫总局、卫生部、国家环境保护总局颁布的《室内空气质量标准》,室内污染可分为四大类,分别为化学性污染、物理性污染、生物性污染及放射性污染。

(1)化学性污染物质包括:有机物如甲醛、苯等;无机物如氨、二氧化硫、一氧化碳、可吸入颗粒物等。甲醛主要来源于家庭装饰装修材料,常见的如木质人造板、木质人造板家具、各种胶粘剂、贴墙布、墙纸、化纤地毯、泡沫塑料、涂料等。苯存在于各种涂料的添加剂和稀释剂以及防水材料的添加剂中。氨污染主要集中在结构施工中用到的防冻剂的建筑物中。二氧化硫主要来自煤、柴、煤气、石油液化气燃烧时产生的污染。一氧化碳主要来源于煤、石油、液化气等燃料的不完全燃烧及室外大气中一氧化碳的渗入。可吸入颗粒物的来源很多,空内燃料的燃烧、吸烟、室外和空调系统带入及二次扬尘等。

(2)物理性污染是指室内的热湿环境差、空气流速低、送入室内的新风量不足以及噪声和电磁辐射的存在影响人体舒适及健康的现象。其中热湿环境、空气流速和新风量可反映室内空气的舒适程度和清新度。噪声的主要来源有交通运输、工业、建筑施工和社会人群活动等。电磁辐射主要来源于室内的办公及家用电器,或者住房邻近高压线、变电站、电台、电视台、雷达站、电磁波发射塔等。此外,不合理、不协调的布局,不整齐、不洁净的摆设,通过人们的视觉反映到大脑中,致使心理、生理状态失衡,从而影响健康,称为视觉污染。

(3)空气中微生物的数量及种类常因污染程度不同而异。标准中用细菌总数来衡量。它是自然因素和人为因素污染的结果,主要来源于人类的生产和生活活动。生物类污染物常为寄生于地毯、毛绒玩具、被褥中的螨虫和其他细菌、真菌孢子、花粉以及人和宠物的代谢产物等。

(4)空气中的放射性污染用氡来衡量,氡是由镭衰变产生的自然界唯一的天然放射性惰性气体,无色无味。氡的分布很广,每天都存在于人的周围。氡的来源主要有:从房基土壤中析出、从建筑材料中析出、从户外空气中进入、从供水及用于取暖和厨房设备的天然气中释放出等。

2.4 室内空气污染物的来源

根据各种污染物形成的原因和进入室内的不同渠道,室内污染物来源可分为室外污染源和室内污染源。

1)室外污染源

室外污染源一般存在于室外环境中,可通过门窗孔隙或其他管道缝隙等进入室内。例如,室内的空气来自室外,当室外空气受到污染后,污染物通过门窗直接进入室内,影响室内空气质量,特别是工厂、机动车道路附近的住宅受这种危害最大。再如,有的房屋地基的地层中含有某些可逸出或可挥发出的有害物质,这些有害物质可通过地基的缝隙逸入室内。这类有害物质的来源主要有:①地层中固有的,如氡;②地基在建房前已遭受工农业生产废弃物的污染,如受农药、化工燃料、汞等污染而未得到彻底清理,即在其上建造房屋;③该房屋原已受污染,原使用者迁出后未进行彻底清理,使后迁入者遭受危害。

2)室内污染源

(1)建筑及装饰装修材料。人们的办公、居住等室内环境,是由建筑材料(天然或人工)所围隔而成的与外界环境隔开的微小环境,建筑材料就是室内污染的主要来源。这些材料中的某些成分对室内环境质量有很大影响。很多有机合成材料可向室内释放许多挥发性有机物,如甲醛、苯、甲苯、醚类、酯类等。在冬季,由于室外气温低,因此进行混凝土施工时往往要加入防冻剂而造成氨气的污染,在建筑物交工使用后,随着环境因素的变化,特别是随着夏季气温逐渐升高,从墙体中缓慢释放出氨气,造成室内空气中氨浓度严重超标。此外,随着使用者对舒适性的要求越来越高,内部装修的建筑也越来越多,目前的装饰装修材料中使用了大量的人造板(如胶合板、细木工板、刨花板、中密度纤维板等),填充料、油漆、涂料及各种贴面等,这些材料中均含有各种有机溶剂和甲醛,对人体危害较大。

(2)室内设施。室内设施的污染源主要来自于人造板家具,人造板在使用过程中始终向空气中释放甲醛,从而导致室内甲醛超标。

(3)室内生物污染。因现代建筑的密闭性较好,室内与室外空气交换效果差,因此容易孳生尘螨、真菌等多种微生物。此外,不良的空调设备也会造成室内空气污染,如空调系统的过滤器、新风采集口等处受到污染会把污染空气带入室内;空调系统中可能存在的军团菌可导致生物污染等。

(4)人体自身污染。人体自身新陈代谢而产生的各种废弃物也是造成室内空气污染的原因之一。据统计,在人体的新陈代谢过程中会产生500余种化学物质,而人体面积最大的器官——皮肤也会产生170余种废弃物,经科研人员测定,尘埃中90%为人体皮肤脱落的细胞。除此之外,还有大量的毛发等脱落物质。从呼吸道排出的废弃物达100多种,其中二氧化碳是人体产生的最多的污染物质(见表2-1),在人体呼出的气体中约占4%。一个成年人在安静状态下,每小时约呼出二氧化碳20 L。如果室内通风不畅,二氧化碳含量超过2%时,人会感到头痛、血压升高;超过5%时,会导致窒息,呼吸麻痹。总之,人体会排出许多污染物,如通过呼吸、汗液、大小便排出的二氧化碳、氨类、硫化氢等化学污染物;通过咳嗽、喷嚏等散发流感病毒、结核杆菌等生物污染物。同时,人类在室内的活动会增加室内温、湿度,加剧室内细菌等生物污染。

表2-1　人体散发气体污染物的种类及发生量

[单位:μg/(m^3·人)]

污染物	发生量	污染物	发生量	污染物	发生量
乙醛	35	一氧化碳	10 000	三氯乙烯	1
丙酮	475	二氯乙烷	0.4	三氯乙烷	1.4
氨	15 600	三氯乙烷	3	甲苯	23
苯	16	硫化氢	15	氯乙烯	4
丁酮	9 700	甲烷	1 710	三氯乙烷	42
二氧化碳	32 000 000	甲醇	6	二甲苯	0.003
氯代甲基蓝	88	丙烷	1.3		

室内污染源见图 2-1。

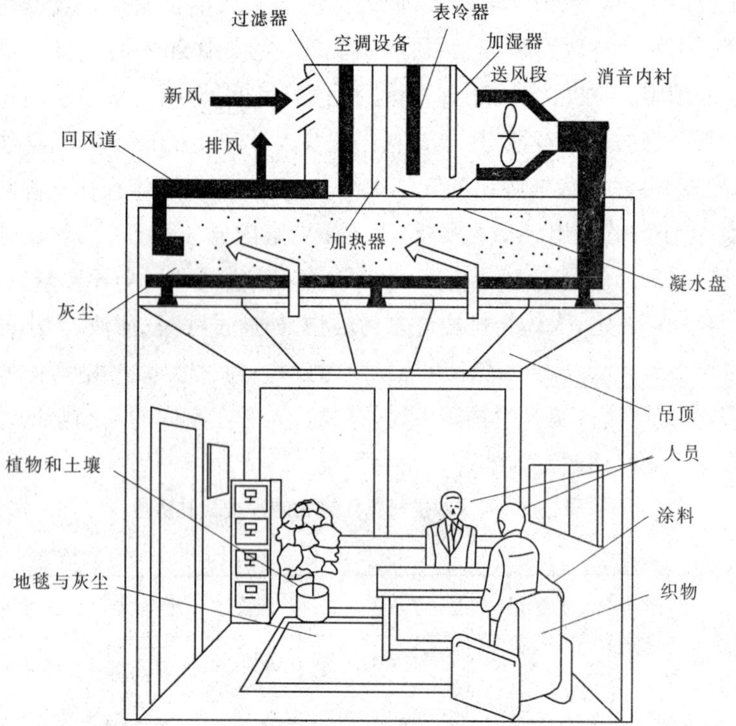

图 2-1　室内污染源

(5)室内燃烧污染。室内烹调、采暖等所用的燃料及燃料的燃烧,也会造成室内空气的污染。燃烧或加热产生的污染物主要指各种燃料的燃烧、烹调油的加热以及吸烟等。经高温产生的燃烧产物和烹调油烟,都是经过高温反应而产生的。表 2-2 为不同油温的生成物及其危害。

表 2-2　不同油温的生成物及其危害

加热程度	产生物质	危害
超过 150 ℃	低级醛、酮等物质	形成的“烟雾”对人体呼吸道、消化道、眼等有较强的刺激作用
200 ℃以上	过氧化物的混合物	导致细胞衰老
产生大量浓烟	大量产生脂肪氧化物	导致心脑血管病、直肠癌和肺癌等疾病的发生

此外，在燃料燃烧时会产生一氧化碳，小型燃烧煤炉不完全燃烧产生的大量一氧化碳往往是室内煤气中毒的主要原因。

吸烟是最为普遍的室内空气污染。烟雾中含有 3 000 多种化学物质，其中 30 多种对人体有害，16 种会致癌。吸烟者本人吸入的只占很少一部分，而 87% 的有害物质会被周围的人吸入，因此被动吸烟的危害更大。有研究指出，在吸烟者吐出的烟雾中，烟焦油和烟碱的含量比吸烟者吸入的烟雾中含量多 1 倍，苯并芘多 2 倍，一氧化碳多 4 倍，氨多 50 多倍，被动吸烟者患肺癌的概率比普通人高出 24%。

烟草烟雾中的有害物质见表 2-3。

表 2-3　烟草烟雾中的有害物质

有毒致癌物质	每支含量	有毒致癌物质	每支含量
二甲基亚硝胺	13 ng	尿烷	30 ng
甲基乙基亚硝胺	1.8 ng	甲醛	30 ng
二乙基亚硝胺	1.5 ng	乙醛	20 μg
联氨	32 ng	丙烯醛	70 μg
亚硝基吡咯烷	11 ng	木槭醛	800 μg
氯乙烯	12 ng	纤毛毒物质氰	110 μg

（6）其他室内污染。室内其他物质，如日用化学品的广泛使用，

也会造成室内空气污染。日用化学品包括化妆品、洗涤用品、黏结剂、杀虫剂、除臭剂等。日用化学品含有有机溶剂、刺激性气体等,加上其具有使用范围广、使用剂量大、接触时间长等特点,因此成为新的污染源。

2.5 对室内污染的认识易出现的误区

在对室内污染的认识中,容易出现各种误区:

1)只重视甲醛,不重视其他有害气体

室内空气污染物有时不止一种,国家颁布的《民用建筑工程室内环境污染控制规范》中,明文规定了几种必须检测的有毒、有害气体。它们是:苯、甲醛、氡、氨、TVOC,其中苯、氡都是已确定的可致癌气体。

2)只凭气味判断室内是否有污染

有些有害气体是有味的,人可凭嗅觉判断,但一般此时有害气体的浓度已经比较高了,也就是说室内空气污染已比较严重了,有些污染室内的空气是无味的,如氡;有时室内空气被细菌污染,也没异常气味。

3)先装修,后治理

有些有害物质在室内散发气体的时间很长,如甲醛有 3~15 年,不可能通过一或二次治理就可解决,因此在装修时就应把关,尽量截断污染源头。

4)有害气体全部来自于装修

室内装修固然是污染物质的重要来源,但并不是所有的污染物都来自于装修。如氡的来源有两种:①来自于施工、装修过程中使用的有放射性的水泥、矿渣等;②来自于地下岩石的辐射。

5)装修污染危害不大

如果装修造成室内污染危害很大,首先人在室内的时间很长;其次有时室内污染对人体健康的影响在短时间内显现不出来,等到出现症状时往往为时已晚。现已有报道,儿童白血病和家庭装修有关。

6)不重视绿色植物的作用

专家认为比较环保的方法是采用植物吸收分解的方法,如果在室内放置一些适当的植物,可有效改善室内环境。

7)只要装修时所用材料全部合格就不会有污染

(1)所谓合格材料是指有毒有害物质的含量满足相关标准,但不是没有。如果在一间房内大量使用同一种材料,由于累加效应,也可能导致室内空气质量不符合要求,甚至严重超标。

(2)目前建材产品质量良莠不齐,消费者容易被不法商贩蒙蔽。

8)只重视杀毒,不重视通风

通风可有效保持室内空气新鲜,同时可稀释室内污染物,使其浓度降低。对普通家庭而言,通风是既经济又有效的方法。

9)侥幸心理

对室内空气污染切不可听之任之,抱有侥幸心理,一旦因此患病,后果不堪设想,一定要防患于未然。

2.6 如何评价室内空气环境

通常评价的程序为客观评价、主观评价和个人背景调查。

客观评价是直接用室内污染物指标来评价室内空气品质,通过测定代表性污染物的浓度等方式来全面、公正地反映室内空气品质的状况,利用由分指数有机组合而成的评价指数来综合反映室内空气品质的优劣,其中分指数为污染物浓度与其标准上限值之比。

主观评价是指利用人自身的感觉进行环境描述和评价工作,一种是表达人体对环境因素的感觉,另一种是表述环境对人体健康的影响。需要注意的是,这些评价需要采用国际通用的调查表方法来规范和量化,以提取最大的信息量,从而强化评价数据的可靠性。

个人背景调查中包括排他性调查和个人资料调查,其主要目的是排除非室内空气品质因素所引起的干扰以及潜意识对评价结果的影响,以有助于作出正确判断。

最后综合以上三条路径的资料,通过统计分析来对室内空气品质作出评价,从而可评定室内空气品质的等级、提出咨询意见或提供整改对策与措施。

2.7 室内空气污染的迹象有哪些

1)人体感觉方面

(1)眼、鼻有刺激感。

(2)每天清晨起床时,经常感到憋闷、恶心、头晕,家里人经常容易患感冒。

(3)虽很少接触吸烟环境,而且本身不吸烟,但还是经常感到嗓子不舒服,有异物感,呼吸不畅。

(4)儿童或老人等体弱者经常咳嗽、打喷嚏、免疫力下降,虽然是新装修的房子,但孩子不愿意回家。

(5)家人共有一种疾病,而且离开家庭环境后,症状有好转。

2)家庭动植物方面

(1)室内植物不易成活,或生长不健康。如植物叶子枯萎、发黄,特别是一些生命力强的植物也不能正常生长。

(2)家养宠物,如猫、狗甚至热带鱼莫名其妙地死亡。

2.8 粉尘的来源

粉尘是引起居室空气污染的重要因素,对室内空气质量有重要影响。

从大环境来说,粉尘的来源可分为由自然过程引起的和由人类活动引起的两大类。自然过程包括火山爆发、森林火灾、雷电等自然现象,对此引起的粉尘污染,目前人类还无法完全控制,但由于自然灾害的发生往往具有一定的偶然性,而且自然环境有一定的容量和自净能力,自然过程所产生的粉尘污染不会对人类造成危害。因此,当今对人类健康威胁最大的是由人类生产活动产生的粉尘,其来源主要包括工业生产污染(火力发电厂、化工厂、钢铁厂中燃料燃烧)、生活活动污染(生活炉灶及采暖燃料燃烧)及交通运输污染(交通工具排放尾气)等。这些污染源产生的粉尘都排放到大气中,对大气环境质量造成很大影响。

大气中存在的粉尘在一定条件下会通过门窗的缝隙进入室内。

人在室外活动，粉尘会附着在鞋、外衣等处，随人进入室内，影响室内空气质量。除此之外，室内也会产生粉尘，人类本身就是室内粉尘的重要来源。一个成人的体表面积一般在1.4～1.8 m^2。皮肤表面有汗腺、皮脂腺、汗毛及大量的上皮细胞，来自于人体的粉尘就包括脱落的上皮细胞、汗腺的固体排泄物、皮脂腺的分泌物、更新后脱落的汗毛等。经试验验证，室内粉尘中约90%为人皮肤脱落的微小粒子。一个健康成年人每天会脱落数百万微小粒子。此外，人类在室内的生活活动，如生煤炉采暖或做饭会导致煤尘或炉灰等尘埃飘浮于室内空气中；室内饲养的动物脱落的皮屑、羽毛和排泄物等，也会成为室内污染的来源；养在室内的花卉会向空气中散落花粉；甚至衣服、被褥、裘皮制品等生活用品的相互摩擦，也会产生大量的细尘。以上来自于室内的粉尘也常是引起哮喘的过敏源。

因此，想要提高室内空气质量，除做好大气环境的保护工作外，还要加强室内清洁卫生，特别注意不要由于人类活动引起本来已落到地面的粉尘再次悬浮于空气中，所以要采用湿法打扫卫生（湿抹布擦尘埃，及时清扫地面灰尘，且注意用湿墩布拖地或是扫前洒水）、勤晒被褥等，均是减少室内粉尘污染的有效方法。

2.9 粉尘的危害

如果室内粉尘浓度超标，会威胁人体健康。

1）粉尘粒径

粉尘的危害与粉尘的直径大小直接相关，根据其粒子直径可按表2-4分类。

表2-4 粉尘颗粒物的分类

粒径（μm）	名称	特点
>100	降尘	靠自重沉降
10～100	总悬浮颗粒物（TSP）	
<10	飘尘（IP）可吸入颗粒物（PM_{10}）	长期飘浮于空气中
<2.5	细微粒（$PM_{2.5}$）	对人体危害最大

粉尘能随着吸气进入人体,不同大小的粉尘进入身体里的部位是不同的。较大的尘粒首先受到鼻毛和鼻腔里黏液的阻留。经过鼻腔以后,空气中的灰尘可减少30% ~50%。气管、支气管的黏膜又能阻留一部分较大的粉尘颗粒。直径不到5 μm的粉尘能够直接到达肺泡里沉积下来。一部分随淋巴液流到支气管淋巴结,或经血液循环到达其他内脏。灰尘还能通过饮食进入人体,危害身体健康。

颗粒物在人体中的沉积及防御见表2-5。

表2-5 颗粒物在人体中的沉积及防御

粒径(μm)	沉积部位	防御作用
<5	深部呼吸道肺泡	肺泡内每小时产生100万~500万个噬细胞,可将细菌、尘粒、细胞碎片等包围吞噬并随细胞液进入支气管,靠气管中纤毛运动,随黏液排出体外,以保持肺部的清洁
5~10	气管、支气管	通过纤毛的机械运动,一般在24小时内将附着在黏膜表面的异物随黏液排出体外
10~50	鼻腔	人体第一道防线,鼻黏膜对吸入气体进行温、湿度调节,使吸入颗粒物湿化,增大,以沉积在鼻腔

2)粉尘浓度

空气中的粉尘浓度与人体健康关系极大。粉尘浓度较低(<5万粒/L)时,人体可以靠自身能力将粉尘颗粒排出体外,当粉尘浓度在有限范围内升高时,人体还可以自动调节增加巨噬细胞,增强分泌系统功能来调节防御能力,但当粉尘浓度超过人体承受的能力时,就会影响人体健康,如室内粉尘浓度过高,致使人体吸入的粒子数量增加,从而提高了人们患感冒的可能性,其他呼吸道疾病,如支气管炎、呼吸障碍、过敏性鼻炎、哮喘及外源过敏性肺泡炎等均与吸入粉尘粒子数量多有关。

3)接触时间与粉尘毒性

部分粉尘颗粒会在呼吸系统内沉积,导致细菌、病毒繁殖,当超过人体免疫能力时,发生感染使人患肺炎、肺气肿、肺癌、尘肺、矽肺等。毒性粒子还会穿透肺泡组织进入血液,随血流至肝、肾、脑,进入骨内,以致危害神经系统,引发人体机能性变化,使人易患过敏性皮炎及白血病等症。

2.10 室内装修是有机污染物的主要来源

其主要来源为:建筑材料,家具等生活用品及日常生活使用的消费品,炊事取暖的燃料燃烧、空调及吸烟等。

房屋不同使用阶段产生的有机污染物见表2-6,有机污染物的污染速度及其来源见表2-7。

表2-6 房屋不同使用阶段产生的有机污染物

发生阶段	实例
施工阶段	建材、室内装修材料、取暖设备等
入住时带入室内、使用中	取暖、空调、家具、装饰物等
人的活动	人呼吸、芳香剂、杀虫灭菌剂、吸烟、炊事等
室外气体	汽车排气、周围污染源及外墙等

表2-7 有机污染物的污染速度及其来源

种类	污染速度	来源
高挥发性有机物	挥发速度很快	制冷剂、燃气等燃烧生成的气体
挥发性有机物	挥发速度慢	有机溶剂、剩余材料产生的气体
半挥发性有机物	挥发速度很慢	杀虫剂、可塑剂、阻燃剂,不完全燃烧生成物
颗粒状有机物	有沉降性	杀虫剂、可塑剂,不完全燃烧生成物

2.11 什么是室内生物污染

生物污染包括动物污染、植物污染和微生物污染。生物污染不仅指生命体本身,还包括它们的脱落、代谢、排泄物及所携带的微生物等污染。如居室内蚊、蝇、跳蚤、白蚁等都属生物污染。它们的卵、便、唾液、碎片及所携带的微生物也属生物污染。

人们把一部分对人类有致病性的微生物称为人类病原微生物,当空气中含有病原微生物时,可造成疾病传播,危害人类健康。如引起人类、动物、植物病变,使衣、食、住受到污染等。微生物感染症有肺炎、霍乱、疟疾、结核、肝炎等,占死亡原因的80%。

室内环境中的生物性污染物,主要是由于人在室内的活动使各种病原微生物进入空气中。当病人或病原体携带者将病原微生物排入空气中,可造成疾病流行,因此室内空气微生物越来越引起人们重视。病人和病原微生物携带者咳嗽与喷嚏形成气溶胶,将病原体排入空气中,是造成室内空气污染的主要原因。咳嗽可使口腔唾液和鼻腔中的分泌物形成飞沫,较大的飞沫在蒸发之前降落到地面,较小的飞沫可在短时间内水分蒸发形成飞沫核,直径1μm的飞沫核在空气中悬浮时间可达几小时。喷嚏时可将大量飞沫排入空气中,造成室内空气微生物污染,说话时也可形成飞沫并排入空气中。由于体积微小,微生物可以单独或附着于气溶胶颗粒上,较长时间悬浮在空气中并经空气传播。虽然空气中的致病微生物容易死亡,但因为空气中带有微生物的气溶胶粒子传播很快,人在室内活动的时间较长,接触频繁,可使病原微生物经空气传播,导致疾病。空气中常见的致病菌包括溶血性链球菌、金黄色葡萄球菌等;常见的致病性病毒包括流感病毒、麻疹病毒、水痘病毒、腮腺炎病毒、风疹病毒及部分肠病毒等。近年来,室内空气中真菌的污染及危害已引起人们的广泛关注。

在室温为20~30℃,相对湿度为75%~85%时,如室内空气不流通,则容易在纯毛地毯、床垫等处孳生尘螨,尘螨可引起哮喘、过敏性鼻炎、过敏性皮炎等疾病。常用的控制方法有保持室内通风换气畅通,保持室内清洁。

1976年在美国费城的宾西法尼亚美军军团会议的参加者中发生了军团病,其症状有发热、全身不适、食欲不振、嗜睡、头痛、咳嗽等,死亡率高达5%～20%。其罪魁祸首是军团肺原菌,军团肺原菌是一种普遍存在的嗜水性需氧细菌,可通过风道、给水系统进入室内空气。杀灭方法为高温水消毒法(65 ℃、25 min)。

2.12 室内有机污染物的危害

有机污染物主要是对人体的中枢神经,尤其是对免疫系统及各器官具有毒害作用,此外还可侵害大脑及角膜、视神经、嗅觉、扁桃体等。有机污染物对各种器官的直接或间接影响会产生多种症状,如记忆力迟钝、精力难以集中、便秘、腹泻、恐惧症、头晕头痛、呕吐、疲劳症等。世界卫生组织欧洲事务总局总结的总有机物对人体健康的影响如表2-8所示。

表2-8 总有机物对人体健康的影响

总有机物含量(mg/m^3)	影响
<0.2	无影响
0.2～0.3	可能有影响,但影响很小
0.3～3	若有加合作用,会产生炎症和不适感
3～5	有异味,反应强烈
5～8	对生理影响明显,眼、鼻、喉炎症出现
8～25	头痛、头晕
>28	头痛,毒害神经

2.13 室内空气质量标准中的生物污染标准

据世界卫生组织数据:当室内空气中细菌总数超过700 cfu/m^3,存在明显感染疾病的危险性;当空气中细菌总数小于500 cfu/m^3;感染疾病的危险性明显减小;如小于200 cfu/m^3,则几乎没有感染机会。我国也一直致力于制定具有科学性、代表性、权威性、实用性的室内污染控制标准,制定这些标准,是室内环境污染控制的重要内容。通过这些标准,可判断室内的卫生状况,室内空气质量标准规定如表 2-9 所示。

表 2-9 室内空气质量标准(GB/T 18883—2002)

序号	参数类别	参数	单位	标准值	备注
18	生物性	菌落总数	cfu/m^3	2 500	依据仪器测定

2.14 二氧化碳的来源及危害

室内二氧化碳主要来自于人体代谢过程,人体呼出的空气中约占4%,儿童为成年人的50%。排出二氧化碳越多,排出其他代谢废气也越多。此外,还有一部分来源于有机物燃烧过程,如炊事、抽烟等。

不同浓度的二氧化碳对人体危害如表 2-10 所示。

表 2-10 不同浓度的二氧化碳对人体危害

二氧化碳浓度($\times 10^{-6}$)	对人体危害
一般浓度	无毒、无臭
>700	敏感者能觉察到人体的其他代谢污染
>1 000	较多人感到不舒服
>10 000	呼吸深度显著增加
>40 000	出现呼吸困难,头痛、头晕,意识水平降低
>100 000	窒息死亡

2.15 二氧化硫的来源及危害

二氧化硫是最常见的硫氧化物,是一种具有强烈刺激性气味的无色气体,大气主要污染物之一。其来源可分为室外与室内两部分。

1)室外来源

二氧化硫是大气污染物,其室外主要来自于含硫矿物的燃烧(例如含硫的煤、制硫酸的二硫化亚铁等),还有部分是由于火山爆发时会喷出该气体,制硫酸工厂的废气等。

2)室内来源

(1)二氧化硫来源于煤和石油等燃料的燃烧、含硫矿石的冶炼、硫酸等化工产品生产排放的废气。室外的二氧化硫在某些情况下会扩散到室内。

(2)我国有些居民做饭取暖的燃烧仍以煤为主,如原煤、蜂窝煤等,由于炉灶结构不甚合理,有的甚至没有烟囱,因此在煤不完全燃烧时会向室内排出大量污染物,其中二氧化硫是主要污染物之一。除此之外,在室内吸烟,即烟草的不完全燃烧也是室内二氧化硫的重要来源。

3)二氧化硫的危害

(1)健康危害:易被湿润的黏膜表面吸收,与水化合生成亚硫酸、硫酸,对眼及呼吸道黏膜有强烈的刺激作用,引起流泪、眼刺痛、咳嗽、流涕。大量吸入可引起肺水肿、喉水肿、声带痉挛而致窒息。轻度急性中毒时,发生流泪、畏光、咳嗽,咽喉灼痛等;严重中毒可在数小时内发生肺水肿;吸入极高浓度时可引起反射性声门痉挛而致窒息。皮肤或眼接触发生炎症或灼伤。长期低浓度接触,可有头痛、头昏、乏力等全身症状以及慢性鼻炎、咽喉炎、支气管炎、嗅觉及味觉减退等。

大气中二氧化硫浓度在 0.5×10^{-6} 以上对人体已有潜在影响;在 $(1\sim3)\times10^{-6}$ 时多数人开始感到刺激;在 $(400\sim500)\times10^{-6}$ 时人会出现溃疡和肺水肿直至窒息死亡。二氧化硫与大气中的烟尘有协同作用。当大气中二氧化硫浓度为 0.21×10^{-6},烟尘浓度大于 0.3 mg/L 时,可使呼吸道疾病发病率增高,慢性病患者的病情迅速恶化。如伦敦烟雾事件、马斯河谷事件和多诺拉等烟雾事件,都是这种协同作用造成的危害。

(2)环境危害:由于煤和石油通常都含有硫化合物,因此燃烧时会生成二氧化硫。当二氧化硫溶于水中,会形成亚硫酸(酸雨的主要成分)。若把二氧化硫进一步氧化,通常在催化剂如二氧化氮的存在下,便会生成硫酸,导致环境酸化。

(3)燃爆危险:本品不自燃,有毒,具强刺激性。

2.16 臭氧的来源、作用及危害

臭氧是氧的同素异形体,常温、常压下无色,有特臭的气味,具有强氧化作用。臭氧主要存在于距地球表面20 km的同温层下部的臭氧层中。它吸收对人体有害的短波紫外线,防止其到达地球。

1)臭氧的来源

臭氧主要来源于人类活动,汽车、燃料、石化等是臭氧的重要污染源。比如汽车排放的氮氧化物,只要在阳光辐射及适合的气象条件下就可以生成臭氧。随着汽车和工业排放的增加,地面臭氧污染在欧洲、北美、日本以及我国的许多城市中成为普遍现象。

室内臭氧主要来自于复印机、打字机、其他放电的家电设备、紫外灯及一些消毒设备。如果没有室内臭氧源,室内臭氧浓度一般为室外的20%~30%。《室内空气质量标准》中规定,室内臭氧1小时均值的最大值为0.16 mg/m^3。

2)臭氧的作用与危害

大气中臭氧层对地球生物的保护作用现已广为人知——它吸收太阳释放出来的绝大部分紫外线,使动植物免遭这种射线的危害。此外,臭氧具有强氧化性,和一般的紫外线消毒相比,臭氧具有很强的杀菌效果,有研究表明,臭氧可在5分钟内杀死99%以上的繁殖体;同时臭氧也可起到除臭的作用,许多室内空气净化器就是以臭氧的强氧化性为原理,将空气中的有机物氧化,从而达到净化空气的目的。

但臭氧浓度并不是越高越好,研究表明,空气中臭氧浓度在0.012×10^{-6}水平时,能导致人皮肤刺痒,眼睛、鼻咽、呼吸道受刺激,肺功能受影响,引起咳嗽、气短和胸痛等症状;空气中臭氧水平提高到0.05×10^{-6},入院就医人数平均上升7%~10%。原因就在于,臭氧的强氧化性对人体健康存在危害。作为强氧化剂,臭氧几乎能与任何生物组织反应。当臭氧被吸入呼吸道时,就会与呼吸道中的细胞、流体和组织很快反应,导致肺功能减弱和组织损伤。对那些患有气喘病、肺气肿和慢性支气管炎的人来说,臭氧的危害更为明显。研究表明,接触浓度为0.09 mg/L臭氧时间为2小时后,肺活量、用力肺活量和第一秒用力肺活量显著下降;浓度达0.15 mg/L时,80%以上的人感到眼和鼻黏膜刺激,100%出现头痛和胸部不适;如果浓度在2 mg/L时,短时间接触即可出现呼吸道刺激症状,咳嗽、头疼。由于臭氧能引起上呼吸道炎症,削弱上呼吸道防御功能,因此如果长时间接触臭氧,还易于继发上呼吸道感染。此外,臭氧会对人体皮肤中的维生素E起到破坏作用,致使人的皮肤起皱、出现黑斑;臭氧还会破坏人体的免疫机能,诱发淋巴细胞染色体病变,加速衰老,致使孕妇生畸形儿。特别要注意的是,复印机墨粉发热产生的臭氧及有机废气更是一种强致癌物质,它会引发各类癌症和心血管疾病。

环境危害:在车水马龙的街上行走,如果看到空气略带浅棕色,又有一股辛辣刺激的气味,这就是通常所称的光化学烟雾。臭氧就是光化学烟雾的主要成分,它不是直接被排放的,而是转化而成的。

2.17 氮氧化物的来源及危害

氮氧化物是由氮原子和氧原子构成的多种氮的氧化物,主要有氧化亚氮(俗称笑气)、一氧化氮、二氧化氮、五氧化二氮、四氧化二氮、三氧化二氮等。除二氧化氮外,其他氮氧化物均极不稳定,遇光、湿或热变成二氧化氮及一氧化氮,一氧化氮又变为二氧化氮。因此,空气污染物中主要为一氧化氮和二氧化氮,并以二氧化氮为主。

1)一氧化氮

一氧化氮是无色无味气体,难溶于水。其化学性质非常活泼,与氧气反应后,可形成二氧化氮,其主要来自于汽车尾气、工业、农业(农田中的肥料被微生物分解)等。

2)二氧化氮

二氧化氮,常温下为红棕色刺激性气体,比空气重,不易溶于水,但溶解在水中的二氧化氮,与水反应生成硝酸和亚硝酸。

3)氮氧化物的来源

空气中的氮氧化物,主要来自化石燃料的燃烧和植物体的焚烧以及汽车废气，其次是生产硝酸、钢铁、炸药等工业排放的废气；电焊、气割、氩弧焊时也产生氮氧化物；农业上谷物或青贮饲料长期堆放发酵时也会产生氮氧化物；亚硝酸盐、硝基塑料、电影胶片及赛璐珞燃烧时产生大量氮氧化物；火箭推进剂四氧化二氮泄漏或发射失败时也有大量逸入大气造成空气污染。

室内环境中氮氧化物主要是由于烹饪和取暖过程中燃料的燃烧。我国目前家用燃料主要是煤炭，一般占燃料总量的50%～80%，其次是煤气和液化气，一般占20%～50%。农村大部分地区以煤和生物性燃料为主。冬季不同燃料所产生的氮氧化物日平均浓度如表2-11所示。因此，室内环境中氮氧化物的产生和能源结构有关。

表2-11　不同燃料所产生的氮氧化物日平均浓度

（单位：mg/m^3）

项目	原煤	煤气	液化气
厨房	0.159	0.091	0.070
卧室	0.132	0.078	0.064

4）氮氧化物的危害

（1）健康危害：氮氧化物主要损害呼吸道，刺激肺部，使人较难抵抗感冒之类的呼吸系统疾病，呼吸系统有问题的人士如哮喘病患者，会较易受二氧化氮影响。吸入初期仅有轻微的眼及呼吸道刺激症状，如咽部不适、干咳等。常经数小时至十几小时或更长时间潜伏期后发生迟发性肺水肿、成人呼吸窘迫综合征，出现胸闷、呼吸窘迫、咳嗽、紫绀等，可并发气胸及纵隔气肿。肺水肿消退后两周左右可出现迟发性阻塞性细支气管炎。一氧化氮浓度高可致高铁血红蛋白血症。慢性影响主要表现为神经衰弱综合征及慢性呼吸道炎症。个别病例出现肺纤维化，可引起牙齿酸蚀症。

（2）环境危害：氮氧化物对环境有危害，对水体、土壤和大气可造成污染。以一氧化氮和二氧化氮为主的氮氧化物是形成光化学烟雾和酸雨的一个重要原因。汽车尾气中的氮氧化物与氮氢化合物经紫外线照射发生反应形成的有毒烟雾,称为光化学烟雾。光化学烟雾具有特殊气味,刺激眼睛、伤害植物,并能使大气能见度降低。此外,氮氧化物与空气中的水反应生成的硝酸和亚硝酸是酸雨的成分。

2.18 氡的来源及危害

氡是由放射性元素镭衰变产生的自然界唯一的天然放射性惰性气体,无色无味。

氡的来源主要有以下几种:

(1)建筑造成的污染,即房屋建筑本身存在氡的污染。氡的主要来源是房基土壤、花岗岩、砖沙、水泥等建筑材料,地基土壤中析出的氡,岩石中常伴有高浓度的氡,通过地层断裂带,进入土壤,沿缝隙扩散到室内,一般楼层越低,氡含量相对越高。

(2)装修污染。主要是由装修材料造成的,室内装修材料中的石材、瓷砖是放射性氡的来源,尤其是含有放射性元素的一些天然石材。

(3)从供水及用于取暖和厨房设备的天然气中释放出的氡。但是只有在水和天然气中氡的含量比较高时才会有危害。

(4)在室外空气中氡的辐射剂量是很低的,可是一旦进入室内,就会在室内大量地积聚。室内氡还具有明显的季节变化,通过实验可得,冬季最高,夏季最低。可见,室内通风状况直接决定了室内氡气对人体危害性的大小。

2.19 室内有机挥发物

室内常见有机挥发物种类达上百种之多,其中 20 多种为致癌物。现规范列出 9 种为识别组:甲醛、苯、甲苯、对(间)二甲苯、邻二甲苯、苯乙烯、乙苯、乙酸丁酯、十一烷。

其室内来源主要是各种漆、涂料、阻燃剂、防水剂、防腐剂、防虫剂、黏结剂等，一些家庭中常用建材，如人造板材、塑料地板及家具也会散发有机挥发物。其特点是单独浓度不高，但多种微量有机挥发物的共同作用不可忽视，会引起头痛、恶心等症状。有机挥发物存在时间长，长期低剂量释放，对人体危害大。

我国民用建筑工程室内环境总有机挥发物指标为不能超过 0.5 mg/m^3。

典型家庭用品及材料中有机挥发物的释放量见表 2-12。

表 2-12　典型家庭用品及材料中有机挥发物的释放量(中值)

（单位：μg/g）

释放的化学物质	化妆品	除臭剂	胶粘剂	涂料	纤维品	润滑剂	油漆	胶带
1,2-二氯乙烷	—	—	0.80	—	—	—	—	3.25
苯	—	—	0.90	0.60	—	0.20	0.90	0.69
四氯化碳	—	—	1.00	—	—	—	—	0.75
氯仿	—	—	0.15	—	0.10	0.20	—	0.05
乙基苯	—	—	—	—	—	—	527.80	0.20
苯乙烯	1.10	0.15	0.17	5.20	—	12.54	33.50	0.10
四氯乙烯	0.70	—	0.60	—	0.30	0.10	—	0.08
三氯乙烯	1.9	—	0.30	0.09	0.03	0.10	—	0.09
甲基氯仿	0.20	—	0.40	0.20	0.07	0.50	—	0.10

2.20　室内有害重金属有哪些，有何危害

化学上根据金属的密度把金属分成重金属和轻金属，常把密度大于 4.5 g/cm^3 的金属称为重金属。如金、银、铜、铅、锌、镍、钴、铬、汞、镉等大约 45 种。从环境污染方面所说的重金属是指汞、镉、铅、铬以及类金属砷等生物毒性显著的重金属。对人体毒害最大的有 5 种：铅、汞、铬、砷、镉。这些重金属在水中不能被分解，人饮用后毒性放大，与水中的其他毒素结合生成毒性更大的有机物。

室外汽车尾气以及冶炼厂、矿山产生的废气和烟尘可能侵入到室内，带来重金属污染，室内环境中重金属污染主要来自溶剂型木器涂料、内墙涂料、木制家具、壁纸及聚氯乙烯地板等。

涂料中的重金属主要来自于着色颜料，木制家具、木器涂料中重金属对人体影响主要是通过木器在使用过程中干漆膜与人体长期接触，如误入口中，其可溶物将危害人体健康。聚氯乙烯卷材地板中如果含有铅、镉，则在使用过程中，随着地板的使用与磨损，铅、镉向表层迁移，会在空气中形成铅尘、镉尘。

重金属对人体的危害如表2-13所示。

表2-13　重金属对人体的危害

重金属	危害
铅	铅是重金属污染中毒性较大的一种，一旦进入人体很难排除。直接伤害人的脑细胞，致癌致突变等。影响儿童智力正常发育，主要使其智力低下；对老年人造成痴呆、脑死亡等
汞	食入后直接沉入肝脏，对大脑视力神经破坏极大。天然水每升水中含0.01 mg，就会有强烈毒性。含有微量的汞饮用水，长期食用会引起蓄积性中毒。慢性汞中毒主要影响中枢神经系统，造成神经衰弱
铬	会造成四肢麻木，精神异常，长期接触铬化合物可引起接触性皮炎、湿疹、鼻隔膜穿孔等疾病
砷	会使皮肤色素沉着，导致异常角质化
镉	导致高血压，引起心脑血管疾病；破坏骨钙，引起肾功能失调
锰	超量时会使人甲状腺机能亢进，可引发锰肺炎、慢性锰中毒
铝	积累多时，对儿童造成智力低下；对中年人造成记忆力减退；对老年人造成痴呆等
钴	对皮肤有放射性损伤

这些重金属中任何一种都能引起人的头痛、头晕、失眠、健忘、神

经错乱、关节疼痛、结石、癌症(如肝癌、胃癌、肠癌、膀胱癌、乳腺癌、前列腺癌及乌脚病和畸形儿)等;尤其对消化系统、泌尿系统的细胞、脏器、皮肤、骨骼、神经破坏极为严重。

2.21 甲醛及其危害

甲醛是一种无色、有强烈刺激性气味的气体。易溶于水、醇和醚。甲醛在常温下是气态,通常以水溶液形式出现。易溶于水和乙醇,35% ~40% 的甲醛水溶液叫做福尔马林。

甲醛对人健康的危害主要表现在以下几个方面:

(1)刺激作用:这也是甲醛的主要危害,其表现为对皮肤黏膜的刺激作用,甲醛能与蛋白质结合,高浓度吸入时出现呼吸道严重的刺激和水肿、眼刺激、头痛。空气中含有 0.6 mg/m^3 时就会对眼睛产生刺激反应,造成咽喉不适或疼痛;在甲醛浓度为 10 mg/L 的环境中停留几分钟就会泪流不止;当甲醛浓度为 30 mg/m^3 时,会立即致人死亡。

(2)致敏作用:皮肤直接接触甲醛可引起过敏性皮炎、色斑、坏死,吸入高浓度甲醛时可诱发支气管哮喘。低浓度甲醛可能会导致人体皮肤过敏、咳嗽、多痰、失眠等。

(3)致突变作用:甲醛具有强烈的致癌和促癌作用。长期接触低浓度甲醛,会引发鼻咽癌、白血病、结肠癌等疾病,试验证明,动物在实验室高浓度吸入的情况下,可引起鼻咽肿瘤。甲醛还可引起新生儿染色体异常及青少年记忆力和智力下降等。

(4)突出表现:头痛、头晕、乏力、恶心、呕吐、胸闷、眼痛、嗓子痛、胃纳差、心悸、失眠、体重减轻、记忆力减退以及植物神经紊乱等;孕妇长期吸入可能导致胎儿畸形,甚至死亡,男子长期吸入可导致男子精子畸形、死亡等。

值得注意的是,新装修的房子里一般甲醛都会超标,由于甲醛的挥发时间长达 3 ~15 年,所以必要时可以考虑专业的空气治理机构或产品。

2.22 甲醛的来源及其限定浓度

室内甲醛的来源主要是建筑材料、室内装饰材料和生活用品三个方面。

(1)各种人造板(胶合板、细木工板、纤维板、刨花板等)是甲醛的主要来源。甲醛具有较强的黏合性,有加强板材硬度、防虫、防腐的功能,且价格便宜,故目前人造板的原材料首选是以甲醛为主要成分的脲醛树脂。板中残留的和未参与反应的甲醛会逐渐向周围环境释放,最长释放期可达十几年,是形成室内空气中甲醛的主体。因此,用人造板制造的家具可能存在不安全隐患,特别是一些厂家为了追求利润,使用不合格板材,制造工艺不规范,对室内空气污染造成极大威胁。

(2)含有甲醛成分并有可能向外界散发的其他各类装饰装修材料,如壁纸、化纤地毯、涂料等。

(3)燃烧后会散发甲醛的一些材料,如在室内吸烟。

《居室空气中甲醛的卫生标准》明确规定居室空气中甲醛的最高允许浓度为0.08 mg/m^3。

2.23 降低室内甲醛浓度的方法

(1)尽量采用不含甲醛或甲醛含量较低的室内装饰和装修材料,在施工中还要让表面装饰的油漆涂料充分固化,以形成抑制甲醛散发的稳定层。

(2)选购家具时,应选择刺激性气味较小的产品,同时还要注意查看家具用的板材是否全部封边。

(3)装修后的居室不宜立即入住,而应当留有一定的时间让装修材料中的甲醛散发出来。

(4)保持室内空气流通,是清除室内甲醛的有效方法。也可选用有效的空气换气装置加强室内外空气的交换。

(5)合理控制和调节室内温度与相对湿度。甲醛的挥发期较长,随着温度的升高,挥发得会快一些。

(6)在室内放置某些品种的花卉和植物,会降低室内有害气体的浓度。例如仙人掌、吊兰、芦荟、常春藤等。

2.24　苯及其来源

苯在常温下为一种无色、有甜味的透明液体,并具有强烈的芳香气味。它难溶于水,易溶于有机溶剂,本身也可作为有机溶剂。苯可燃,有毒,也是一种致癌物质。人们通常所说的"苯",实际上是一系列物质,包括"苯"、"二甲苯"、"甲苯"。苯等一系列物质主要存在于油漆、胶、涂料中,苯化合物主要从油漆中挥发出来。家庭中苯主要来自于建筑装饰中大量使用的化工原料,如涂料、填料及各种有机溶剂等。这些装修装饰材料经装修使用后,将有害物质散发到室内,影响人体健康。

2.25　苯的危害

苯是一种无色、有芳香味的碳氢化合物,透明、易挥发、易燃、易爆。苯的中毒原理为由呼吸道侵入人体。吸入高浓度的苯蒸气以及大量苯液污染皮肤或误服均可引起急性中毒。口服致死量约为10 mL。

由于苯的挥发性大,暴露于空气中很容易扩散。人和动物吸入或皮肤接触大量苯,会引起急性和慢性苯中毒。有研究报告表明,引起苯中毒的部分原因是在体内苯生成了苯酚。长期吸入会侵害人的神经系统,急性中毒会产生神经痉挛甚至昏迷、死亡。在白血病患者中,有很大一部分有苯及其有机制品接触历史。

长期接触苯会对血液造成极大伤害,引起慢性中毒。引起神经衰弱综合征。苯可以损害骨髓,使红血球、白细胞、血小板数量减少,并使染色体畸变,从而导致白血病,甚至出现再生障碍性贫血。苯可以导致大量出血,从而抑制免疫系统的功用,使疾病有机可乘。有研究报告指出,苯在体内的潜伏期可长达12~15年。

妇女吸入过量苯后,会导致月经不调达数月,卵巢会缩小。

苯对皮肤、黏膜有刺激作用。国际癌症研究中心(IARC)已经确认苯为致癌物。

2.26　氨的来源与危害

氨是一种碱性物质,它对接触的皮肤组织都有腐蚀和刺激作用。

氨可以吸收皮肤组织中的水分,使组织蛋白变性,并使组织脂肪皂化,破坏细胞膜结构。氨对上呼吸道有刺激及腐蚀作用,可使病原微生物易于侵入,减弱人体对疾病的抵抗力。浓度过高时除腐蚀作用外,还可通过三叉神经末梢的反射作用而引起心脏停搏和呼吸停止。氨的溶解度极高,所以常被吸附在皮肤黏膜和眼结膜上,从而产生刺激和炎症。氨通常以气体形式吸入人体,少量的氨可随汗液、尿或呼吸排出体外。

第3章 改善室内空气品质

3.1 病态建筑综合征

病态建筑综合征的概念之一是指由室内空气品质、室内热环境、室内声环境和室内光环境等的恶化而引起的人体病态症状。

症状:眼睛、鼻子和喉咙受到刺激,精神疲劳、头痛、困倦、胸闷、过敏等症状,工作心不在焉,工作效率下降等现象。

病态建筑综合征的新概念是指室内热环境长期稳定引起的人体隐性病态症状。

症状:人体适应能力下降,生理抵抗力、免疫力减弱。

3.2 空调使用不当的害处

随着社会的进步与发展,空调被越来越多的家庭使用,然而空调在给人类带来舒适居住环境的同时,如果使用不当,也会造成人体感觉不适,其主要表现为过敏、感冒、黏膜干燥、紧张、烦躁、头痛、注意力不集中等。通过调查发现,如果长期在密闭空调环境中生活,会导致机体免疫功能下降,从而易受细菌、病毒感染。

1)室内外物理条件差异大

由于空调的作用,使室内空气的温湿度都保持在一个相对恒定舒适的范围,因此不论在冬季还是夏季,室内外的温差都比较大,人如果在室内外进出频繁,忽冷忽热,就容易造成体内平衡调节系统功能紊乱,不能迅速适应环境温度的改变,常引起感冒。此外,由于长期在空调房间内,人体出汗减少,一方面无法借助出汗排出体内废物,另一方面会使毛孔骤张骤合,导致排汗功能失调,严重的导致不能正常排汗,发生中暑。在空调房间内如果温度控制不好会造成室内空气干燥,容易降低人体抗感染能力。

2)室内空气质量下降

空调房间的过于封闭造成室内空气污浊,给疾病传播制造了机会。目前,我国家用空调大多没有新风处理系统,只是将室内空气循环处理使用,室内空气经过反复过滤后,空气离子浓度发生了改变,负氧离子数目明显减少,正离子过多,对空气的清洁度和人体正常活动造成影响,导致人体内分泌和自主神经功能紊乱,出现头昏、头痛、疲劳乏力、食欲减退等症状。

3)增加生物性致病因素

空调房间门窗紧闭,室内条件正好适宜一些细菌、病毒的生存与传播,如结核菌在室内封闭恒温且阳光无法直射的小气候中,其传染性可保持较长的时间。1976 年在美国退伍军人年会中首次发现军团菌,由军团菌导致的军团病是一种急性发热性肺部疾病,其原因是人体吸入含军团菌的气溶胶导致呼吸系统受到损害。中央空调冷却塔的循环水为军团菌提供了合适的生存环境和传播形式,冷却水被军团菌污染后,通过空调入口、门窗及通风管被送入室内形成气溶胶,人吸入后感染。

3.3　长时间在空调环境中对健康有何影响

1)对室内环境卫生的影响

首先是造成室内环境中的生物污染,有利于微生物生长繁殖。舒适的温度环境和适宜的相对湿度给人带来了舒适的享受,也给微生物(细菌、病毒、霉菌等)带来了良好的生长、繁殖条件。同时,集中空调的管道系统里面积存的污染物也是生物污染流行和发展的主要通道,危害人体健康。

2)导致室内环境中的有害物质增加

由于大多数的空调房间的门窗关闭,如果室内人较多或房间小,可能导致氧气不够,二氧化碳浓度增加。还有建筑装修和家具污染问题,电子设备产生的高分子挥发物和人体排出的有机气体污染,都会成为空调房间危害人们健康的有害物质。

3)空调房对流行病的影响

人们在各种环境下活动,是疾病的传播者和带菌者,在封闭式的空调房间中,各种病源体都可能被人带入,尤其是空气中的细菌、病毒都可以通过呼吸道进入人体。流感病毒、脑膜炎双球菌、结核杆菌、咽喉炎链球菌、葡萄球菌、红眼病病毒等都是冬春季易流行的疾病,空调房间的温湿度利于疾病的流行。

3.4 如何合理使用空调

据调查,在密闭性较强的室内,当新风量不足时,会造成室内空气质量下降,在温度、湿度、风速相同的情况下,CO_2、细菌总数、绿色链球菌分别超标40%、100%、55%,明显高于无空调房间。因此,合理使用空调是十分必要的。

(1)空调房间应保持合理的室内温湿度,室内外温差不应太大,夏季一般应保持在6~7 ℃比较合适,一般不要超过8~10 ℃,这样有利于人体进行自我调节;冬天,空气比较干燥,最好室内加装加湿设备,使空气保持湿润。

(2)空调的开启时间不宜太长,更不可整晚甚至全天都开着空调,应在温湿度有一定改善后,适当关机,不宜贪凉或贪暖,以免引起身体不适。

(3)即使是健康人群也不宜长时间停留在空调出风口处,体弱者、老人、儿童或温差感觉不灵敏、体外调节温度功能欠佳者则更应注意。此外,大量出汗后不宜立即进入空调房间。因为此时毛孔正处于扩张状态,遇冷后立即收缩会导致外伤风寒。

(4)目前住宅中比较常见的是分体式空调,在使用这类空调时,空气基本上是在室内循环,因此要注意引入一些室外新鲜空气,至少每3~4小时定时通风换气一次,有条件时,可安装新风净化装置。

(5)空调使用过程中,房间内空气中悬浮颗粒物浓度会增加,容易引发呼吸道疾病。因此,对空调的过滤器要经常清洁,这样既可保证风量,又不会将污染物再次带入室内。

(6)选用一些室内空气处理设备配合空调一起使用,如空气净化器、除湿器、加湿器、负离子发生器等。除湿器和加湿器可使室内空气保持适当的湿度;空气净化器可有效清除室内的颗粒物、细菌、有机挥发物、甲醛等;负离子对人体健康有益。

有条件的家庭还可安装空调净化消毒装置，这样不仅在新风量较小的情况下，保持室内空气品质合格，而且能使空调系统保持清洁的运行状态。从长远看，与普通空调相比，加装净化消毒装置的空调，其换能效率高，具有明显的节能效果。

3.5 能否利用空调系统对室内污染进行控制

合理利用空调系统，可有效地稀释室内空气污染物，总的来说，有三种方法可通过空调系统控制室内污染物和气味：

(1)利用新风稀释室内污染物。尽量保证室内有恒定和适量的送风气流，并使之与室内空气有效混合，这样可以达到稀释室内污染物的目的。

(2)通过空调系统控制各房间的压力关系。可通过空调系统的设计及运行控制等手段，调节各个房间的空气流动，控制各房间的压力关系。对于一个房间来说，如果进风量大于排风量，则房间处于正压状态，会有一部分空气从门窗缝隙或其他不严密的地方渗出；如果进风量小于排风量，则处于负压状态，室外空气会渗入房间。

(3)用局部排风消除或隔离污染物。通过局部排风使污染源附近区域保持负压，从而达到消除或隔离污染物的目的，局部排风可设置于一些特殊设备附近(如厨房炉灶等)或用于处理某些特殊功能的房间(如吸烟室等)，需要注意的是，对于这类排风应直接排出室外。在某些情况下，可使空气从建筑中相对清洁的房间转送到污染相对严重的房间，或可以作为局部排风系统的补充空气，从而可节省部分能量。

3.6 疫情防控期如何安全使用空调

1)疫情防控期安全使用空调的原则

(1)在疫情防控期要注意及时发现病情，一旦发现病人，要及早隔离入院并尽快向相关部门报告。

(2)室内要注意通风，尽量少使用或不使用循环风，以防止交叉感染。

(3)确保空调新风取自室外，新风入口及其周围环境必须清洁，确保新风不被污染。

(4)空调使用前及使用期间,应做好空调的清洗工作。

2)购买空调时注意事项

(1)健康空调。消费者在选择空调时,应把握以改善室内空气质量、杀菌换气等功能的空调为首选的原则。比如选择空调时可选择有新风换气功能的,保证空气流通及正常的新风送入量。具有这种功能的空调可以替代开窗所起到的加速空气流通、降低单位面积细菌、病毒浓度的作用,减小人体被感染的概率。

(2)空调还应具有杀菌功能,保证室内的清洁度。

(3)如果有条件的话,空调房间最好能够补充氧气,保证室内充足的氧气含量,以增加人体活力。

总之,在目前的空调市场中,消费者可尽量选择一些大品牌,具有换新风、制氧、杀菌等功能的产品,尽量使房间通风良好,室内人员健康呼吸。

3)空调要定期保养,规范清洗

保养与清洗在空调的使用过程中是非常重要的环节,定期做保养及清洗的空调比不保养、不清洗的空调节省用电20%~30%,使用寿命也延长5年以上。

空调的保养主要是:开空调之前进行常规检查;使用前,空调要进行必要的消毒措施,尤其注意消毒过滤网。但因各种品牌空调设计不完全相同,在对空调进行消毒时一定要参照产品说明或者直接请空调厂家的服务人员帮助,以免破坏空调原有功效。专家指出,消费者在选择服务时应注意安装工的上岗资格,并具备国家标准的电工证,同时还要能提供无尘安装、免费设计等服务,从而保证所安装的空调优质、安全、放心。

4)空调使用注意事项

有学者指出,空调通风对于预防传染病十分重要,因此选择具有通风换气功能的空调是消费者预防传染病的有效方式。但同时专家指出,空调使用者还要注意室内空气的洁净度,应尽量降低空气中有害细菌的存活率或单位数量，控制细菌污染源。如果家中使用的是老式空调，可以配合使用带有杀菌功能的空气清新机，从而保证空调的健康运行。

但是值得注意的是，目前空气消毒设备市场有待进一步规范，因此消费者在选择中一定要注意检查其杀菌装置，有条件的可以现场检测杀菌通风效果。在选择杀菌消毒设备的时候应从杀菌率、解内毒素率、除尘率、去味率及杀菌消毒等五个方面综合考察。

3.7　为什么采用通风可改善室内空气环境

通风可将室内污染物浓度稀释或将污染物排出室外，通风方式按其驱动力不同可分为自然通风与机械通风。自然通风是指建筑物利用环境中热压或风压进行换气的方式，其最简单的方法就是开窗通风，用室外新鲜空气来稀释或代替室内污染空气，改善室内空气品质。有研究发现，新风量越大，发生建筑综合征的风险就越小。因此，即使在室内气温较低的冬季，最好也能开窗使室外新鲜空气进入室内。自然通风与门窗的开设方位及开关程度有关，如敞开的门窗能形成空气对流，对换气有明显的积极影响。此外，门窗的开关幅度、开关频率和持续时间、室外风速及室内外温差都会影响自然通风的效果。根据美国的研究结果，不同通风方式效果的比较见图 3-1。

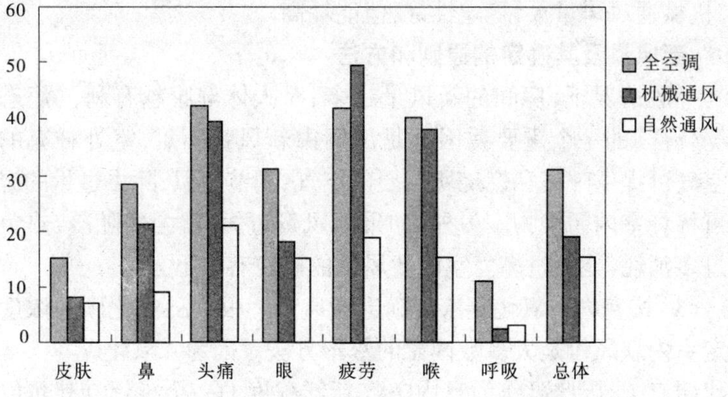

图 3-1　不同通风状态下建筑综合征的房屋数量

3.8　建筑物的通风方式有哪些

通风是采用自然或机械方法使风克服阻力,可以穿过门窗等开口部位或通过管道到达房间或密封的环境内,以造成卫生、安全等适宜空气环境的技术。按通风的驱动力不同,可分为自然通风与机械通风。

自然通风是依靠压力差形成的动力,克服阻力的通风方式。压力差有风压和热压,风压是由于室外空气流动造成建筑迎风面和背风面存在的压力差,造成空气从压力大的开口流入,从压力小的开口流出。通常室外风速越大,建筑迎风面和背风面压力差越大,风压就越大。热压是由于室内外温度不同,导致室内外空气密度不同,从而导致空气在室内外循环流动的压力差。室内外温度差和建筑开口高度差越大,则热压越大,热压作用下的自然通风效果越好。如果室内温度高于室外温度,则空气从上部窗口或窗口的上部流出,从下部窗口或窗口的下部流入。此外,还有风压和热压共同作用下的自然通风。

机械通风是指依靠设备如风机提供动力,使空气通过管道和送、排风口系统有效地送到建筑物的任何工作场所,或将建筑物内受到污染的空气及时排至净化装置处或室外的通风方式。和自然通风相比,机械通风风量大,稳定性好,但能耗高。

3.9　新风量及其确定的原则和方法

一般情况下,房间的新风量越多,对人体健康越有利,“病态建筑综合征”的一个重要诱因就是房间内新风量不足,室外补充的新鲜空气可提供呼吸和燃烧所需要的空气,调节室温、除去过量的湿气并可稀释室内污染物。另外,如果新风量过大,就会伴随冷、热负荷的过多消耗,能耗过多。室内新风量的确定有以下方法:

(1)按室内二氧化碳浓度确定新风量。根据二氧化碳的浓度来确定室内新风量是大多数国家的基本方法。因为二氧化碳与人体新陈代谢有关,因此可作为室内空气新鲜程度的一个指标。其是以质量平衡作为计算新风量的基础:人每天呼吸的空气量约为 10 m^3,其中氧气约占21%，二氧化碳占0.032%；在人呼出的气体中，二氧化碳占4%～5%，氧气占15%～16%。要使室内二氧化碳浓度小于0.1%，必须保证每人每小时有30 m^3 的新鲜空气。

(2)按房间体积确定新风量。这是一种常见的方法，计算公式为：新风量=房间体积×换气次数。

(3)按室内污染物的浓度和设备等因素来确定新风量。考虑室内污染物的浓度时，通常通过房间面积或室内表面面积来确定附加的新风量。

(4)对于有机械设备的工业厂房，可按设备确定附加新风量。

新风量按《室内空气质量标准》(GB/T 18883—2002)，对于住宅等建筑，其新风量就不小于30 m^3/(h·人)。民用建筑属于舒适性空间，必须综合考虑换气次数和最小新风量两个因素，取两者计算出新风量的最大值作为合理的新风量。

3.10 强化建筑物自然通风的途径

自然通风是居民住宅中常见的通风方式，其不但有利于减少室内环境污染，同时也是节能和减少建筑运行费用的技术。

1)利用环境条件

a.地形因素

如果建房地点在山区，为了争取更好的通风条件，应把建筑物建在山巅上，但位于山巅的房屋有可能在冬季室内温度较低，原因是冬季时风力强劲，往往会对建筑物的保暖造成一些不利的影响。因此，一般在山区建房时，还是把建筑物布置在山的一侧，面向夏季主导风向的位置更为恰当。

当在山谷地段建房时，由于该地区每天早晚的气流不同，因此出现的风向也是有所不同的。图3-2为山谷地区每日气流变化的示意图。清晨由于地面温度上升而出现气流上升的现象，傍晚则由于地面温度下降而使气流下降。当中午时，由于山谷部分的气流变得温暖而使空气沿着山坡向上吹。当入晚后，变凉了的空气又会沿着山坡向下吹。下午，山坡出现的微风一般都由下坡向上吹，清晨的凉风则一般都由上坡向下吹。

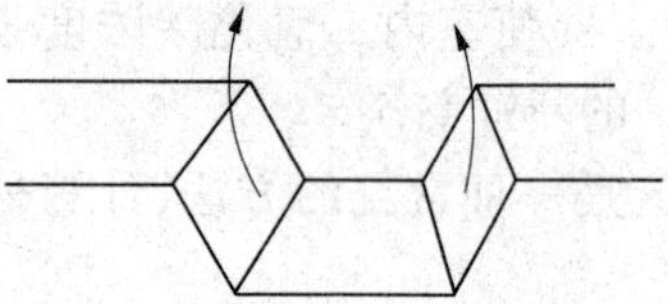

(a)早晨，地面吸收太阳辐射升温，风向上吹

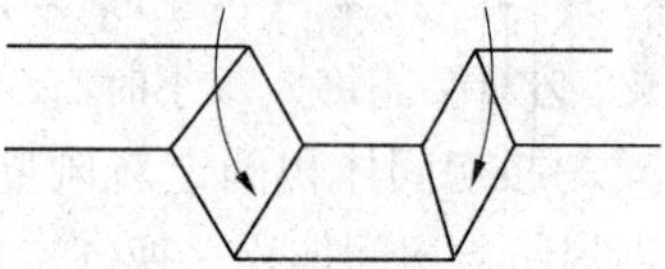

(b)傍晚，地面降温，凉空气下降

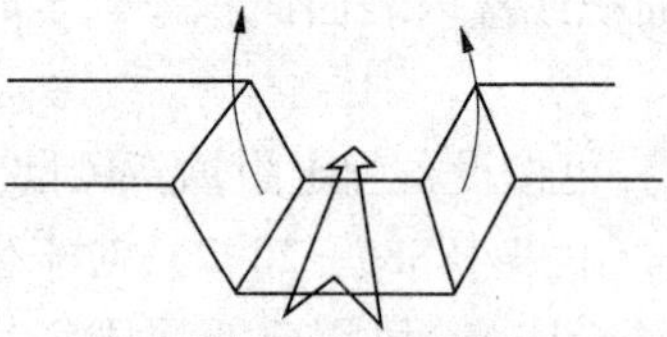

(c)中午，山谷空气变暖，暖风上升

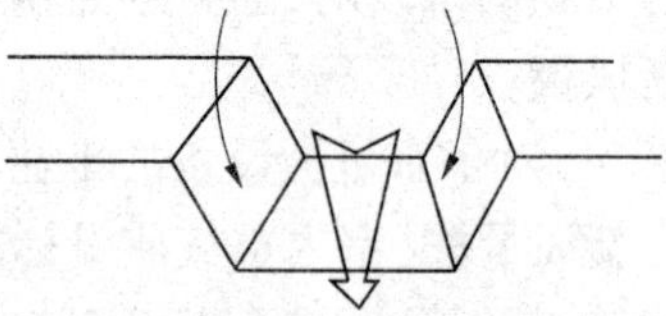

(d)深夜，凉风下吹加大风速

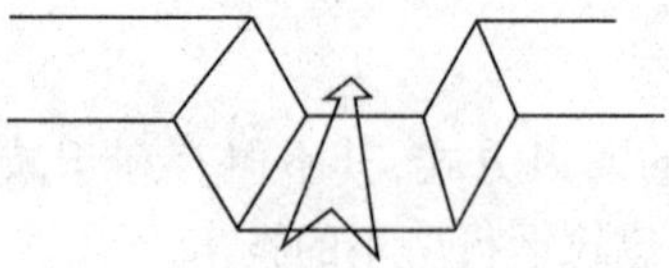

(e)下午，山谷中向上暖风占主导作用

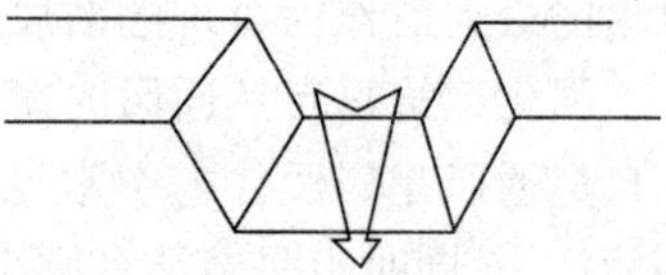

(f)黎明，山上下吹的风占主导作用

图 3-2　山谷地区每日气流变化示意图

当房屋建于海边时，因为海水温度的升降要比大陆上气温的升降少而且慢，因此白天往往由于阳光先把大陆部分的气温升高而使空气由海洋吹向大陆；夜晚由于大陆地面的空气比海洋水面的空气冷却得快，从而使空气又由大陆吹向海洋。

需要注意的是，以上叙述的内容是从理论上来进行分析的。当遇到具体问题时，还必须根据各种不同的具体情况再作具体的分析。

b. 树木

布置于建筑周围树木的位置也能在一定程度上引导风的方向。图 3-3 所示行列树的布置方式有利于建筑物的自然通风。但如在房屋的三面都围以树木时（见图 3-4），则房屋的通风效果则会大受影

响。当沿房屋的长轴方向迎风一侧种植树木时,如树木在房屋的两

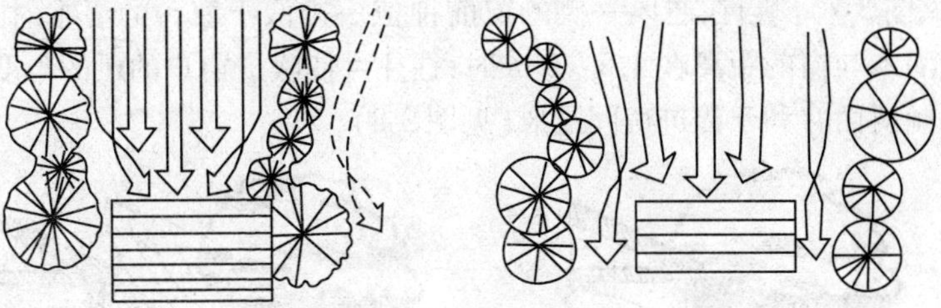

图 3-3　建筑两侧布置行列树

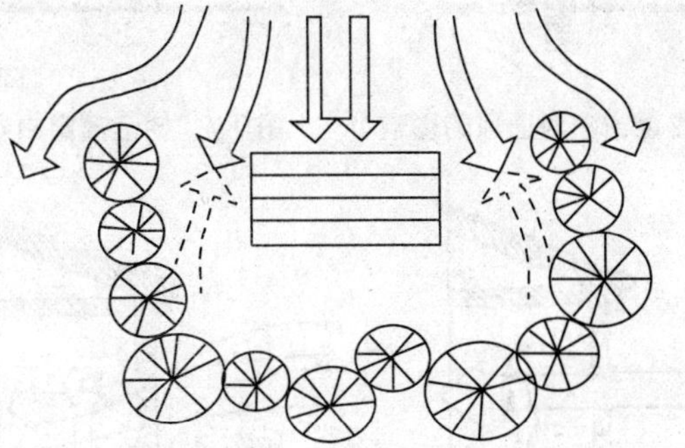

图 3-4　建筑三侧布置行列树

端向外延伸,则可加强房间内的通风效果(见图 3-5)。当在房屋长

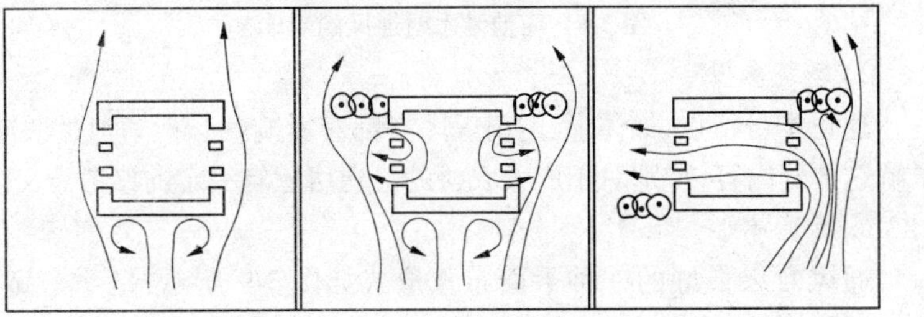

图 3-5　沿房屋长向种植树木加强通风

轴方向的窗前种植树木时,如果树丛把窗的檐口挡住,则往往会使吹进房内的风引向顶蓬去(见图 3-6)。但如果树丛离开外墙有一定距

离，则吹来的风有可能大部分或全部越过窗户而从屋顶穿过房子（见图 3-7）。当在迎风一侧的窗前种植一排低于窗台的灌木时，则当灌木与窗的距离在 4.5～6 m 时，往往可使吹进窗户的风的角度向下倾斜而有利于促进房间通风（见图 3-8）。

图 3-6　树靠近窗户对通风的影响

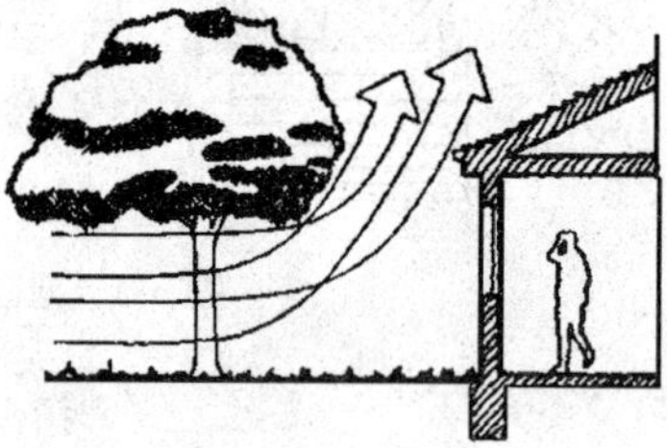

图 3-7　树远离窗户对通风的影响

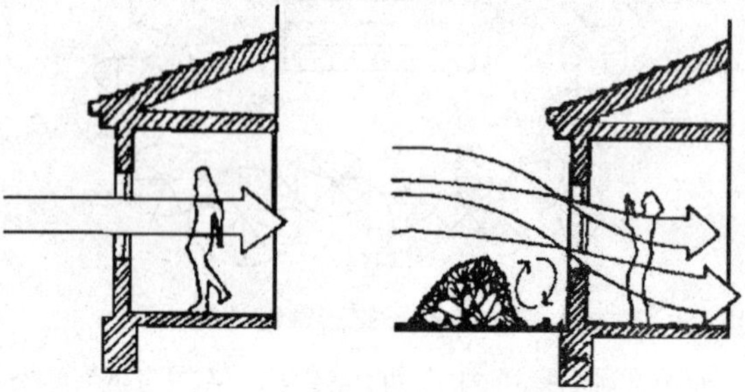

图 3-8　窗前灌木对通风的影响

2）建筑本身

建筑本身特点，如体形、门窗等因素都会影响到自然通风的效果，了解这部分内容，特别对于广大农村的自建房屋有一定的参考意义。

a. 建筑体形

通风效果最好的一种平面布置形式如图 3-9 所示，是一个简单的、敞开的长方形平面，其长轴的前后两墙的窗户垂直于当地的夏季主导风向。当在这种平面内要求把房间进行分隔时，可尽量利用高窗、百叶板等设施（见图 3-10、图 3-11），这样有利于房间之间空气的对流，当建筑物的平面形式为 U 形或 L 形时，则应尽可能使其凹口部分面向夏季主导风向。

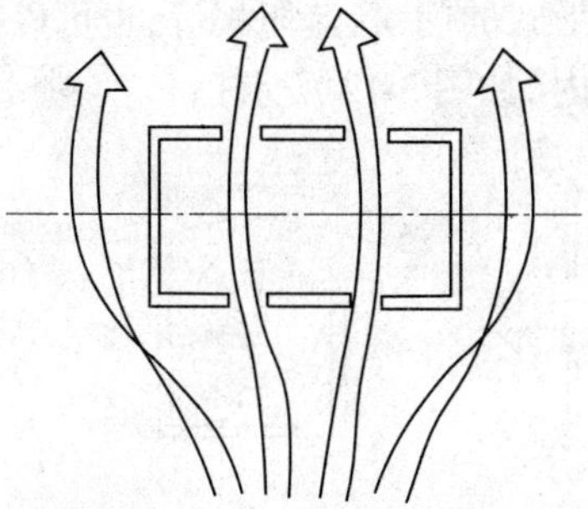

图 3-9　垂直于主导风向的长方形建筑平面布置图示例

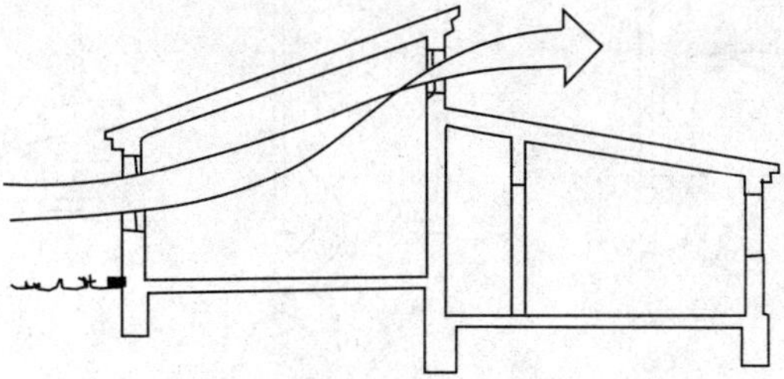

图 3-10　利用高窗加强通风

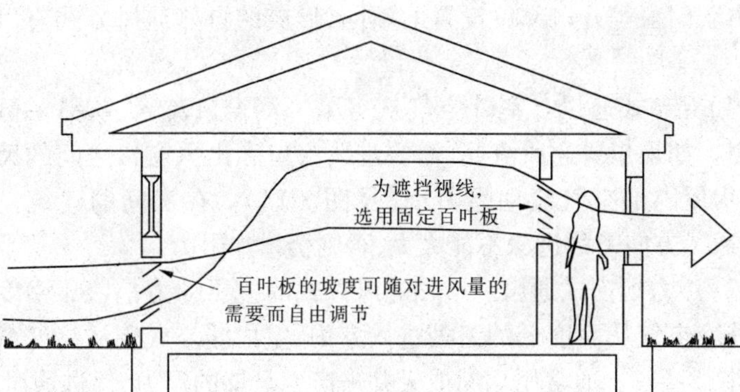

图 3-11　利用百叶板加强通风

b. 建筑的门窗设置

通过设置不同形式的门窗、遮阳板等,也可以在一定程度上将风更好地引导到房间内(如图 3-12 所示)。

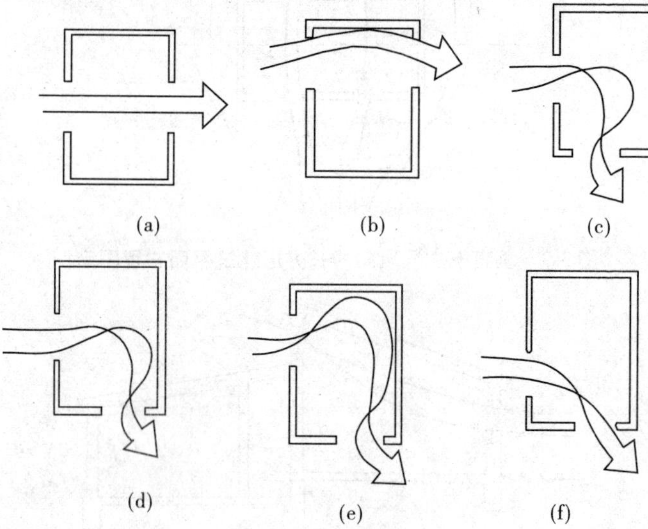

图 3-12　门窗位置对通风的影响

由于门窗等开口部位设置的不同,形成的自然通风方式有以下几种:

(1)穿越式通风。室外空气从房屋一侧窗口流入,从另一侧窗口流出。如果想要通风流畅,需要进风窗口和出风窗口之间的风压差大、房屋内部空气流动阻力小(见图 3-13)。在房间的建筑设计上,在通风方向上的进深不能太大,否则会增加阻力。

(2)浮力烟囱式通风。这种通风方式的主要动力是依靠密度差使室外冷空气从高度低的窗处进入室内,室内暖空气则从高处窗排出(见图 3-14)。通常用烟囱或天井来产生足够的浮力,促进通风。

(3)单侧式局部通风。此种通风方式(见图 3-15)效果不如穿越式通风,其驱动力小,而且变化大。

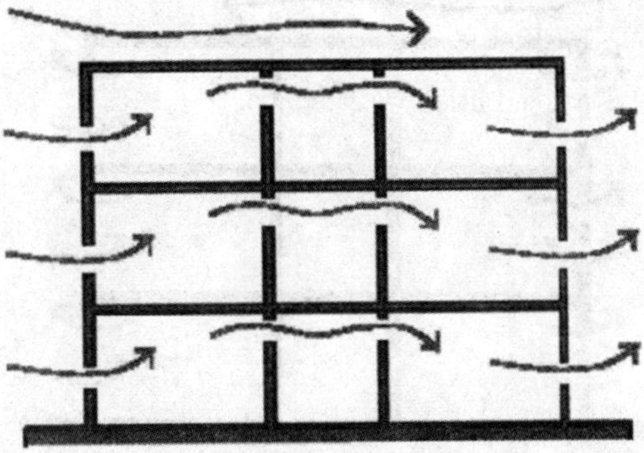

图 3-13 穿越式通风

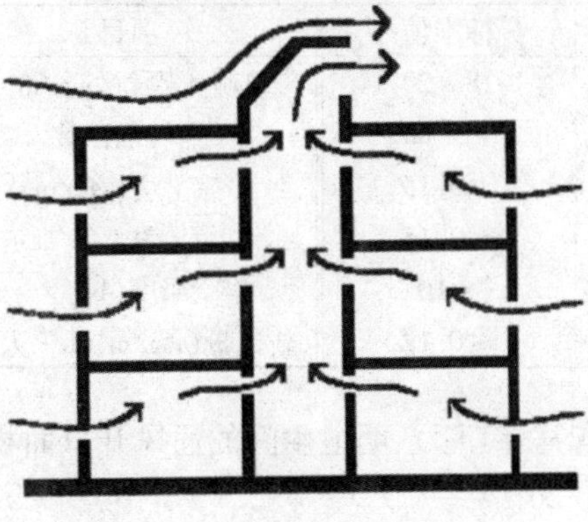

图 3-14 浮力烟囱式通风

建筑设计中,通常可采用混合上述三种通风方式,以满足房屋通风要求。

3.11 提高餐饮业空气品质的方法

国家饭店餐厅卫生标准规定了饭店的微小气候、空气质量、通风等卫生标准,并提出有关规定。卫生标准见表 3-1。

3.12 住宅建筑通风要求

采用自然通风的房间,其通风开口面积应符合下列规定:

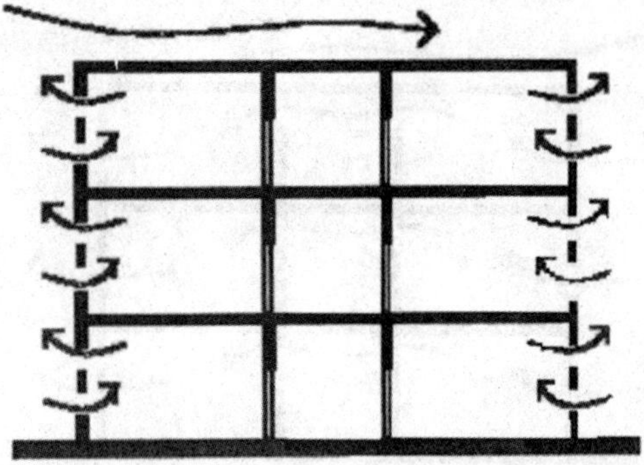

图 3-15　单侧式局部通风

表 3-1　国家饭店餐厅卫生标准

项目	标准值	项目	标准值
温度(℃)	18~20	可吸入颗粒(mg/m³)	≤0.15
相对温度(%)	40~80	空气细菌数	
风速(m/s)	≤0.15	a. 撞击法(cfu/m³)	≤4 000
二氧化碳(%)	≤0.15	b. 沉降法(个/皿)	≤40
一氧化碳(mg/m³)	≤10	照度(lx)	≥50
甲醛(mg/m³)	≤0.12	新风量(mg/m³(h·人))	≥20

(1)卧室、起居室(厅)、明卫生间的通风开口面积不应小于该房间地板面积的1/20。

(2)厨房的通风开口面积不应小于该房间地板面积的1/10,并不得小于0.60 m^2。

(3)严寒地区住宅的卧室、起居室(厅)应设通风换气设施,厨房、卫生间应设自然通风道。

3.13　家庭防污染的重点区域

1)排水管道

住宅内,卫生间和厨房排水管道是污物最集中的部位,一旦发生泄漏,病毒和污染物的散布速度非常迅速,因此必须给予重视。有研究指出,住宅内排水管道形成的空气倒流是最应该警惕的,按设计规范要求，建筑物内地漏“反水弯”的“水封”深度应达到3～5 cm，如果深度不够，水封会很快被蒸发，尤其在夏季两天就会蒸发干掉，导致产生浊气倒流，影响室内空气品质。因此，对于水封深度不够的地漏，必须注意及时加水，有条件的可采用消毒水作“水封”。

在整体设计时，可将水管与室内环境隔离，即在装修中用具有磨蚀性的板材和密闭的施工工艺，将裸露的排水与室内空气相隔绝。一旦水管发生泄露或破裂等意外事故，其中的污染物不会立即接触室内空气，可为抢修争取到一定时间。

防止排水管道污染应采取的措施：

(1)检查卫生间和厨房的下水管道，洗面盆、洗菜盆和浴缸的排水设施是否完善，地漏里面的水封和存水弯是否起作用。

(2)如发现水封或存水弯破损应及时重新配置。

(3)及时清除下水道水封里的积存物，保证水封的封闭功能正常。

(4)如担心洗面盆等设备下的排水无水封或存水弯，或担心其封闭效果，可将下面的软管弯成S形，这样可增加一道水封。

(5)洗面盆、浴缸等每天使用清洗后，可封闭盆内的水塞，并在里面留一部分清水，也可起到一定的密封作用。

(6)注意消毒。厨房和卫生间的地漏可用开水或消毒水进行消毒，然后盖上浸有消毒水的抹布。

(7)加强通风，如果自然通风不能满足要求，增加机械通风。

2)卫生间

由于卫生间特殊的功能性，其特点一般都是空间狭小、空气潮湿且污浊。其环境问题主要有两方面：

(1)通风。多层建筑的卫生间排气道一般都比较狭窄，自然通风的效果差。一旦遇到无风、逆温天气，卫生间里的异味很难排到室外，甚至扩散到室内，污染室内空气环境。

(2)防潮。很少有卫生间设计在朝南的阳面位置，而且多数没有窗户，采光不好，加上不能充分与外界空气进行交换，极易使细菌、真菌滋生和繁殖。真菌能引起呼吸道过敏。轻者会鼻咽发痒、打喷嚏;重者会出现呼吸困难、哮喘不止等症状;个别人还会因此产生荨麻疹以及流泪、眼周围红肿等眼部过敏症状。在室内环境污染与人体健康调查中,有许多居民出现过上述症状,却不知是由于卫生间太潮所致。

针对这种情况,居民们在日常生活中应该注意:

(1)尽量保持卫生间内空气干燥,如湿墩布等易产生霉菌的物品,放入卫生间前,先拿到阳台晾干。

(2)要随时保持卫生间内下水道的畅通,洗澡后,及时清理人的毛发及其他易堵塞下水道的杂物,以防时间久了发酵。

(3)要经常打开卫生间的门窗通风换气;还可适当喷洒芳香剂或除臭剂;在平房或低层楼房的卫生间内,安装排风量大一点的排风扇,最好安装在窗户的上方位置,排风效果好。

3.14 国家标准《建筑给水排水设计规范》

国家标准《建筑给水排水设计规范》(GB 50015—2003)(2009年版)对住宅下水道的要求为:布置淋浴器和洗衣机的部位应设置地漏,地漏的水封深度不得小于50 mm。构造内无存水弯的卫生器具与生活排水管道连接时,必须在排水口以下设存水弯,存水弯的水封深度不得小于50 mm。

3.15 降低氡污染的措施

(1)首先确定室内氡是否超标,因此在建筑房屋、购买房屋前,可以请有关机构做氡气测试,从而在源头上控制预防。

(2)尽可能封闭地面、墙体的缝隙,地下室和一楼则更要注意,从而降低氡的析出量。

(3)保持室内通风,这是降低室内氡浓度的有效方法。

(4)在室内装修时,尽量少采用石材、瓷砖等容易产生辐射和氡气的材料,选用时应向商家索取放射性检测合格证明。

(5)尽量减少或禁止在室内吸烟,有儿童和老人的房间则更应注意。

（6）如对已入住的房屋怀疑氡可能超标，可以委托专业部门检测，并针对检测结果请专业人士提出合理的处理方案。

3.16 避免苯和苯系物污染

（1）装修中尽量采用符合国家标准和污染少的装修材料。这是降低室内空气中苯含量的根本方法。比如，选用正规厂家生产的油漆、胶和涂料；选用无污染或者污染少的水性材料；同时提醒大家注意对胶粘剂的选择，因为目前建筑装饰行业各种规定中，没有对使用胶粘剂的规定，普通百姓又没有经验，装饰公司想用什么就用什么，容易被忽视。

（2）进行室内装饰调漆和作业时，要戴防护口罩和防护眼镜；在涂料未干透之前，不要在室内长期停留。家具内部采用波音软片、防火板等透气性能差的材料进行全面封贴覆盖，不要有人造板材直接暴露在空气中。

（3）如果在油漆和做防水时，施工工艺不规范，会使室内空气中苯含量大大提高，而且这种空气中的高浓度苯十分危险，不但使人中毒，还很容易发生爆炸和火灾。

（4）保持室内空气的净化。这是清除室内有害气体行之有效的办法，可选用确有效果的室内空气净化器和空气换气装置。或者在室外空气好的时候打开窗户通风，有利于室内有害气体散发和排出。

（5）装修后的居室不宜立即迁入。居室装修完成后，使房屋保持良好的通风环境，待苯及有机化合物释放一段时间后再居住。

3.17 家用空调的使用注意事项

（1）使用前要清洗空调过滤网的积尘，并用消毒液浸泡过滤网消毒，有条件的家庭可在使用前用吸尘器进行室内风机除尘，并定时对空调过滤网消毒。

（2）每天开机的同时先开窗通风 15 分钟左右，尤其在第一次使用的时候通风时间应适当增长，其目的是让空调里积存的细菌、螨虫等尽量减少。

（3）空调的使用时间不要太长，在使用时最好经常开窗换气，以降低室内有毒气体的浓度。

(4)空调房间与室外气温的温差不能太大,一般不超过 8 ~ 10 ℃。

(5)在空调运行时,不能对空调喷挥发性液体,如杀虫剂等,以免造成漏电事故。

(6)儿童、老人和病人房间里的空调使用应更加科学。

3.18　正确清洗空调

空调要经常清洗和消毒,比如及时清洗空调上的过滤网,以防止细菌等在上面生长繁殖,影响室内空气质量,给人体带来危害。空调室内机的蒸发器和室外机的冷凝器布满灰尘时,会影响冷气和热量的散发,从而减弱空调的制冷或供热效果,加大耗电量。空调一般在夏季使用前或秋季使用后要进行一次清洗保养。

(1)清洗内机。必须清洗过滤网,由于不同品牌的空调结构有所不同,所以应按照说明书取下滤尘网,拆卸时注意不要碰到室内机组的金属部分,以防将其剐伤。拆下滤尘网后,可轻轻拍弹或用吸尘器清洁。如积尘过多,可用水漂洗或用软刷蘸中性洗涤剂清洗,但水温不要超过 50 ℃,不能用洗衣粉、洗洁精、汽油等,以防滤尘网变形。用清水冲洗干净后,用软布擦干或在阴凉处吹干,不可在阳光下暴晒,以免滤尘网变形。

(2)室外机也需清洗。但由于室外机的安装位置,用户不方便清洗。

(3)清洁面板时,用软布蘸上温水或中性清洁剂轻轻擦拭,然后用干软布擦干。空调里面的光触媒在使用之前,需要在太阳下晒 10 分钟左右,以保持其功用。如果使用时间久了,室内机中灰尘较多时,蒸发器也需要清洗。而在油烟比较大的地方安装的空调则需要将空调拆下,全面清洗。

空调行业的多年实践证明,空调机每年清洗 2 ~ 3 次最佳,通常空调开机前清洗一次,开机中间时段清洗一次,关机时清洗一次。

3.19　常用消毒产品配制方法参考

(1)有效氯 500 mg/L 的含氯消毒剂的配置参考。可用 1 份家用漂白水加 99 份冷水混合均匀后用于物体表面消毒，或参照消毒剂使用说明进行配制。

(2)有效氯 1 000 mg/L 的含氯消毒剂的配置参考。可用 1 份家用漂白水加 49 份冷水混合均匀后用于物体表面消毒，或参照消毒剂使用说明进行配制。

(3)含氯消毒剂使用的注意事项。配置或使用含氯制剂时应将门窗打开，保持空气流通。由于含氯消毒剂有一定刺激性，操作时应做一定保护，如佩戴口罩和手套；配置时应有固定器具，如量杯、汤勺等；消毒完的物品应以清水冲洗及擦干，最后清洁双手。稀释后的消毒液最好当天用完，如不慎接触眼睛，应立即用清水冲洗 15 分钟并就医。

3.20 室内空气消毒方法

室内空气消毒的常用方法有以下几种。

1)通风换气及发挥新风效应

通风换气是清除室内空气污染物、改善室内微环境和空气品质的重要措施。通风换气的方法一般有两种，即自然通风和机械通风。

a. 自然通风

自然通风有开窗通风与建筑自然通风两种方式。

(1)开窗通风。开窗通风是改善室内空气品质的常用的简便方法。经研究发现，新风量越大，发生病态建筑综合症的风险就越小。

(2)建筑自然通风。建筑框架有许多进气和出气的渠道，如窗户、门、电线出入口等。外部空气进入的难易程度受建筑物保温外壳的密封度及风速和内外温差等环境因素的影响。通常在寒冷和刮风天进入(排出)换气程度最大。在无风、温和天气，温差较小时，不管保护外壳密封度怎样，换气程度都会大大降低。

自然通风与门窗的开闭程度有关。敞开的门窗对换气有明显影响，取决于开、闭幅度、频率和持续时间及风速和室外温差。

b. 机械通风

机械通风换气量应按室内空气污染物稀释至最高允许浓度所需空气量计算。加强通风换气，用室外新鲜空气来稀释室内空气污染物，使浓度降低，改善室内空气质量，是最方便快捷的方法。依据污染物发生源的大小、污染物种类及其量多少，决定采用全面通风还是局部通风。

c. 发挥新风效应

通风时既要注重新风的数量，更要注重新风的质量。引入低污染的新风，同时减少或者消除新风处理、传递和扩散过程中的污染。除新风直接送入房间外，应增设集中排风，这样才能发挥新风效应；对分散式的分体式空调房间采用双向新风换气机有利于改善室内空气品质，同时有利于节能。

2）喷雾消毒法

气溶胶为分散在气体中的固体粒子或液滴所构成的悬浮体系。气溶胶在物理、化学中的定义为分散介质为气体的胶体物质。

气溶胶喷雾法的原理是利用机械或化学气雾剂将具有净化空气或消毒作用的药剂形成气溶胶喷洒在空气中，依靠悬浮在空气中的气溶胶对空气进行净化或消毒。

3）熏蒸消毒法

熏蒸消毒法使用的药剂为化学消毒液，使用时一般将药剂稀释后分装在容器内，置于封闭的空间里点火熏蒸。药剂挥发后，渗透到室内的每一个角落，杀灭细菌。

例如：用3%的过氧乙酸，以30 mL/m^3 用量在密闭的室内进行熏蒸，作用60分钟即可达到消毒要求。过氧乙酸有一定的漂白与腐蚀作用，所以熏蒸时应注意室内物品与电器的安全。熏蒸时，人不能在场。熏蒸后，开门开窗，待空气中的过氧乙酸散尽后，方可进入现场。

4）紫外线灯消毒法

紫外线灯消毒可以是固定式照射，也可以是移动式照射。

（1）固定式紫外线灯照射消毒。将紫外线灯固定安装在天花板或墙上，在静态情况下对室内空气进行照射消毒。紫外线灯按1.5 W/m^3 配置，安装高度距离地面约2.5 m，照射时间需要60～120分钟，有很好的消毒效果。

例如,对于 14 m^2 房间,采用 1 支 30 W 紫外线灯,在 19 ~ 20 ℃ 和相对湿度 48% ~59% 条件下照射 30 分钟,可使空气中细菌浓度降到 500 cfu/m^3 以下。但是,即使照射延长到 2 小时,仍然不能使细菌数降到 200 cfu/m^3 以下。

固定式紫外线灯照射消毒时,紫外线照射对人的眼睛、皮肤有一定伤害,使用时眼睛不能直视,也不能直接照射人的皮肤,因此必须在室内无人的情况下进行。

(2)移动式紫外线照射消毒和紫外线循环风消毒。将紫外线灯装在箱体内,利用风机使空气流过箱体,紫外线灯对流过箱体的空气进行近距离的照射,达到消毒的目的。例如:用 4 支 30 W 的紫外线灯装于直径为 30 cm 的金属圆筒内,当风机流量为 28 m^3/min 时,循环 3 次即可达到室内空气消毒的效果。

移动式紫外线照射消毒可以在有人的情况下进行。

5)臭氧发生器消毒法

臭氧对室内空气微生物有较好的消毒作用,还可去除气味,方法又简便。臭氧消毒机有微型的,臭氧产生量较低,多用于卫生洁净或小空间的消毒;还有大型的,臭氧产生量较高,用于室内空气消毒。

臭氧消毒机在相对湿度 ≥70% 的条件下,臭氧浓度 4 ~ 6 mg/m^3,工作时间 60 分钟,可以达到消毒要求。

臭氧对金属有腐蚀作用,对橡胶、塑料有加速老化作用,对人有一定毒性,消毒时人必须离开房间,消毒后待房间内闻不到臭氧气味时才可进入房间。

6)静电吸附净化消毒器法

静电吸附净化消毒器是一种与空调配合使用的独立的空气净化消毒装置,有柜式、壁挂式、天花板式等多种形式。一台 1 600 m^3/h 风量的静电吸附净化消毒器在 200 m^3 空间的室内开启 60 分钟,可达到消毒要求,这种消毒本身无毒无害,可以在有人情况下连续使用,还兼有除尘除有害气体的作用,能选择性地释放负离子,是一种多功能的环保型空气消毒设备。

3.21 空气过滤器及其净化原理

采用织物或滤纸作滤料的表面式空气过滤器，以及采用填充料作为滤料的内部式过滤器，统称为空气过滤器。

过滤式空气净化器是最常用的空气净化设备。过滤式空气净化器主要用于去除空气中的颗粒污染物。有些有卫生要求的场合也常用过滤式空气净化器去除空气中的细菌。其除菌的作用是基于绝大多数细菌的直径在过滤器可以有效滤除的范围内。目前，常用的过滤式空气净化器能够去除颗粒物的最小直径约 0.1 μm，因此其对直径小于细菌的病毒类微生物控制能力相对较差。过滤式空气净化器对气载分子态污染物（例如甲醛、苯系物、氨等）是无效的。

过滤式空气净化器的滤料有玻璃纤维、合成纤维、石棉纤维以及由这些材料制成的滤纸或滤布等。

过滤式空气净化器的工作机理主要包括重力作用、惯性碰撞、扩散效应、拦截效应、静电效应等。

（1）重力作用。尘粒在纤维间运动时，对于粒径比较大或密度较高的粉尘颗粒，由于尘粒本身的重力作用产生脱离流线的位移，沉降到纤维表面上。这种效应只有在尘粒粒径较大（大于 5 μm）时才能发挥作用，而对于粒径小于 0.5 μm 的尘粒，由于气流通过纤维过滤器特别是滤纸过滤器的时间远小于 1 秒，来不及沉降到纤维上已通过纤维层，故尘粒粒径较小重力作用不明显。

（2）惯性碰撞。当密度或粒径较大的尘粒随气流运动，靠近纤维滤料时，尘粒受惯性力作用，来不及随气流转弯而脱离气流束缚仍向前直进，便与纤维碰撞而被捕集。这种效应的大小随着尘粒粒径和过滤风速的增加而增加。

（3）扩散效应。由于气体分子的布朗运动，空气中的细微尘粒（小于 1 μm）也随之运动，当尘粒围绕滤料作布朗运动时，便会因扩散作用，有可能与极细的纤维接触而附着在纤维上。尘粒越小，过滤速度越低，扩散作用越明显。一般在常温下，1 μm 的微粒每秒钟的扩散距离达 17 μm，比纤维间距大几倍到几十倍，这会使尘粒的扩散效应增大;但大于3 μm的微粒其布朗运动减弱,扩散作用不显著。

(4)拦截效应(或接触阻留效应)。它随着气流流线运动,当流线紧靠细微纤维的表面时,尘粒与纤维表面发生接触而被阻留下来。接触作用实际上常常同惯性作用同时并存,或在低速时与扩散作用并存。此外,尘粒大于纤维网眼而被阻留的现象又称为筛滤作用。

(5)静电效应。即含尘气流通过纤维层时,由于气流摩擦而使尘粒荷电,增加了纤维吸附尘粒的能力。静电作用与纤维的材料性能有关。

3.22 空气净化设备及其原理

1)静电除尘

静电式空气净化器是在工业静电除尘器的基础上发展起来的室内空气净化设备,现在已被大量用于各种室内场合,特别在管道式空调与新风净化系统中成为最常用的空气净化设备之一。静电式空气净化器在用途上与过滤式空气净化设备相似,也是主要用于去除空气中的颗粒污染物。有些有卫生要求的场合也常用过滤式空气净化方式去除空气中的细菌。其除菌作用是基于绝大多数细菌的直径在过滤器可以有效滤除的范围内。与过滤式净化设备相比,静电式空气净化设备去除颗粒物的直径小得多,可以小至0.01 μm,因此可以有效去除大多数病毒类微生物。静电式空气净化器对气载分子态污染物,例如甲醛、苯系物、氨等是无效的。

静电除尘的原理是基于应用气体电离和尘粒荷电,并在电场的作用下将尘粒从气体中分离出来。将含有尘粒的气体通过高压静电场,由于电晕作用使气体电离,并使尘粒荷电后趋向收尘极的表面而放电沉积。图3-16为静电除尘器的结构示意图。

静电除尘的过程大致分为四步,即电晕放电、尘粒荷电、电场迁移、极板收尘。

在静电除尘器中,收尘极与放电极形成工作电场。放电极为正极,接直流高压输出的正端;收尘极为负极,接直流高压输出的负端并可靠接地。供电装置由整流器、高压变压器与调压器三部分组成。

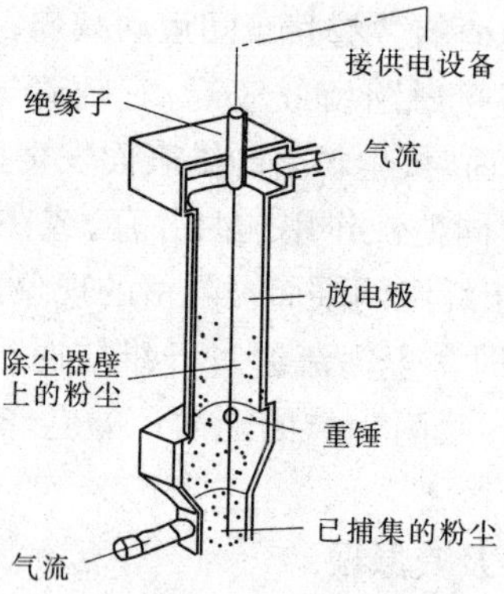

图 3-16　静电除尘器结构示意

整流器输出的直流高压通过高压引线与放电极接通。绝缘子起到对放电极进行高压绝缘、支承与定位的作用。

2)吸附技术

吸附是一种固体表面对气体或液体的吸着现象,固体表面由于存在着一种未平衡的分子间引力或称为化学键,而使通过的气体被吸引并保持在固体表面上的现象,称为吸附。去除空气中有害气体,例如甲醛、氨、一氧化碳、苯、VOC 等,应采用吸附的方法。具有吸附作用的固体称为吸附剂。吸附剂大多采用表面积较大的多孔性固体。活性碳、硅胶、天然沸石等是常用的吸附剂。目前,最成熟的吸附材料是活性碳与分子筛。

活性碳与分子筛均为多孔材料,具有巨大的内表面,也就是具有较大的吸附容量。每克活性碳的总表面积可达 500 ~ 1 000 m^2。活性碳适宜吸附有机气体,对苯类吸附的效果最为明显。活性碳一般是将椰壳、果壳或焦炭等原料经过碳化、活化而制成的。商业化的活性碳有粒状活性碳和活性碳纤维两种,它们的吸附原理和工艺流程完全相同。

分子筛是一种人工合成的沸石,多孔型硅酸盐骨架结构,Si、Al_2O_3 为其主要成分。其内部孔径整齐划一,就像筛子一样,能选择性地吸附小于某个尺寸的分子。分子筛是离子型的吸附剂,对极性分子、不饱和有机物具有一定的吸附能力。

室内环境有害气体的吸附一般分为物理吸附和化学吸附。

(1)物理吸附。主要靠吸附剂与气体间的分子间引力引起的吸附,也称为范德华吸附。这种物理吸附过程是可逆的,当系统的湿度升高或被吸附气体的压力降低时,被吸附的气体将从固体表面逸出。

物理吸附式净化器利用活性碳类的高比表面积、高孔隙率吸附材料对有害气体进行吸附。普通的活性碳分为粒状活性碳和纤维状活性碳,活性碳具有良好的吸附性能,它们对室内气体的吸附属物理性吸附,是一种广谱吸附剂,可吸附大多数气态污染物,因而吸附很快达到饱和,吸附一旦达到饱和,稳定性很差,容易脱附,要求经常更换滤芯。如果要延长活性碳更换周期,须加大活性碳的用量,增加厚度,但这会造成设备阻力增大,降低净化器的净化能力。

(2)化学吸附。由吸附剂表面与气体分子的化学键力导致的吸附,称为化学吸附。由于在吸附过程中,产生了化学键破坏或更新结合的化学反应过程,因此吸附过程一般是不可逆的。

化学吸附式净化器在物理吸附材料表面浸泡活性化学物质以及分子筛(天然、人工合成的)对有害气体进行化学性吸附,吸附过程中,发生相应的化学反应以催化分解、中和有害气体。用分子筛和经过改性处理的活性碳进行吸附,因属于化学性吸附,是可以取得较好的效果的,其吸附稳定,不易脱附和传播。尤其是改性活性碳,可以对室内空气中的有害物质进行选择性吸附净化。吸附剂视室内空气中有害气体的浓度确定更换周期,并不能再生。

3.23　采用植物净化室内空气

吊兰:一盆吊兰在 8 ~ 10 m^2 的房间内就相当于一个空气净化器,能有效吸收空气中的甲醛、一氧化碳等有毒化学物质。它可在 24 小时内,杀死房间里 80% 的有害物质,吸收掉 86% 的甲醛;能将火炉、电器、塑料制品散发的一氧化碳、过氧化氮吸收殆尽。

虎皮兰(包括一叶兰等叶片硕大的观叶植物):虎皮兰又叫虎尾兰,堪称居室的“治污能手”。一盆虎尾兰可吸收 10 m^2 左右房间内

80%以上多种有害气体,两盆虎尾兰可使一般居室内空气完全净化。虎尾兰白天还可以释放出大量的氧气。金边虎皮兰是一种能净化室内环境的观叶植物。美国宇航局的科学家们研究发现,金边虎皮兰在吸收二氧化碳的同时能释放出氧气,使室内空气中的负离子浓度增加。当室内有电视机或电脑启动的时候,对人体非常有益的负离子会迅速减少,而金边虎皮兰的肉质茎上的气孔白天关闭,晚上打开,释放负离子。在15 m^2 的室内,摆放2~3盆金边虎皮兰,能吸收室内80%以上的有害气体。

芦荟:花谚说,"吊兰芦荟是强手,甲醛吓得躲着走"。在24小时照明的条件下,可以消灭1 m^3 空气中所含的90%的甲醛。

常春藤:一盆常春藤能消灭8~10 m^2 的房间内90%的苯,能对付从室外带回来的细菌和其他有害物质,甚至可以吸纳连吸尘器都难以吸到的灰尘。

龙舌兰:在10 m^2 左右的房间内,可消灭70%的苯、50%的甲醛和24%的三氯乙烯。

月季:能较多地吸收氯化氢、硫化氢、苯酚、乙醚等有害物质。

此外,有些植物可以作为室内空气污染物的指示物。

紫花苜蓿:在二氧化硫浓度超过 0.3×10^{-6} 时,接触一段时间,就会出现受害的症状。

贴梗海棠:在浓度为 0.5×10^{-6} 的臭氧中暴露半小时就会有受害反应。

香石竹、番茄:在浓度为 0.05×10^{-6}~0.1×10^{-6} 的乙烯下几个小时,花萼就会发生异常现象。

3.24 家庭饲养宠物会造成哪些生物污染

家庭饲养宠物可能会给室内造成生物污染,最常见的是饲养宠物的家庭都有一种"宠物味",这种味道可能给人带来不舒适的感觉。

家庭喂养的宠物可导致病菌传播,由动物传播的最常见病原体是沙门氏菌。德国卫生部门每年记录下来的此类感染病例约有14万起,不过,估计未登记的数字大约有200万。沙门氏菌主要潜藏在肉畜体内,但是有人认为也可能被家养的乌龟通过接触而直接感染上。

隐孢子虫是人畜共患的寄生虫,家养猫狗是最常见的隐孢子虫感染动物,以原虫状态寄生在狗或猫的小肠内,原虫发育成卵囊,卵囊随猫狗的粪便排出,污染土地与蔬菜等。隐孢子虫卵囊在外界环境中可存活较长时间,当人或其他易感染动物吞食成熟卵囊后,子孢子在消化道液体的作用下,从卵囊逸出,附着在肠上皮细胞上,此时就会出现一系列全身的隐孢子虫病。

随着近年来宠物热的增加,隐孢子虫病有明显的上升趋势,尤其儿童体内因寄生了隐孢子虫,会导致小肠吸收功能降低,出现消化不良、吸收障碍等,症状有腹痛、腹泻、恶心呕吐、食欲不振等。

除了猫、狗能传染此病外,牛犊、羔羊、猪、小鼠等都可感染此病,其中以猫、狗、牛较为突出。

为减少此类病症的数量,要注意个人卫生,防止病人、病畜的粪便污染饮水,更不要随便逗弄猫狗等宠物。

3.25　家庭养鸟易造成的生物污染

家庭养鸟常见的传染病主要有“鹦鹉热”和“鸽子热”等。

“鹦鹉热”是由鹦鹉热衣原体引起的一种传染病,其症状是先冷后热,咳嗽、鼻出血,有的还发展为肺炎。不仅鹦鹉能传染此病,家禽和其他鸟类都是病原体的中间宿主。在鸟与人之间传播的途径主要是污染空气的尘埃,鸟的粪便悬浮在尘埃中,人吸入这种尘埃就会得病。

在养鸽的人中,有一部分人对鸽粪中的异型蛋白质或鸽羽毛粉尘过敏,引起外源性过敏,或引起外源性肺炎,这种肺炎被称为“鸽子肺”,这是一种肺部变态反应性疾病。如延误诊治,易导致肺间纤维化,患病者肺功能减弱直至丧失。

此外,在鸽巢、粪便中还有一种隐形菌,它是一种能诱发隐球性脑膜炎的病原菌,对人危害很大。因此,在家庭空间狭小时,不适宜饲养家禽及鸟类。

3.26　家庭养猫易造成的生物污染——弓形虫病

弓形虫是一种肉眼看不到,十分细小的寄生虫,家猫是传播弓形虫病的主要途径，感染弓形虫的猫，其粪便、唾液中都会有弓形虫。当人与猫接触时，如人手、脸等被猫舔过，就有可能被感染。

弓形虫进入人体后，可寄生在人体多种器官的细胞中，被寄生的细胞发生钙化、坏死或纤维化，继而引起器官畸形、功能丧失或残疾。其中如果被感染的是孕妇，可引起内分泌失调、妊娠高血压综合征、产后出血等症状，严重者可影响胎儿发育。胎儿如感染弓形虫，可导致多种畸形，多损害脑、眼部，感染轻的胎儿还会出现智力或神经系统障碍。若在胚胎早期受到重度感染，则会引起流产、死胎或死亡。

3.27 车内空气净化

目前针对车内空气的消毒方法主要有化学消毒和臭氧消毒两种。

1）化学消毒

化学消毒主要是用消毒剂对汽车进行喷洒和擦拭以达到除去病菌的目的，市场上常用的消毒液有：

（1）过氧乙酸：即用0.5%的过氧乙酸溶液喷洒进行消毒，待消毒后要通风半小时以上。因过氧乙酸有腐蚀性和漂白性，所以车内物品应先取出，再进行消毒。

（2）84消毒液：使用时必须用200倍的水进行稀释，如不按比例稀释会有一定的腐蚀性。84消毒液对病毒通过浸泡起效果，但对空气中飘浮的飞沫没什么作用。

（3）用来苏水喷洒或擦拭，但不要与肥皂、洗衣粉一起使用，否则会降低效果。

2）臭氧消毒

臭氧可杀灭使人和动物致病的多种病菌、病毒和微生物。通过破坏细菌、病毒和微生物的结构，使之失去生存能力。利用臭氧消毒不会有残留物，但消毒后车厢会有一些臭氧味，必须通风散气。

3.28 净化车内空气的注意事项

1）对车内空调消毒

包括更换空调器的过滤器；进行汽车空调器外循环风道消毒等。

2)正确使用车内空调

(1)在可能的情况下减少车内空调的使用;

(2)使用中要经常清理空调系统的风道等;

(3)选择合适的温度,室内外温差不宜太大,一般5～6 ℃;

(4)当车厢内温度很高时,应先打开车窗,让热气排出,待车内温度下降后再将空调打开;

(5)在车内不要吸烟,烟雾会刺激眼睛和呼吸系统;

(6)不要在开着空调的车内长时间休息或睡眠,否则易引起一氧化碳中毒;

(7)开空调时间过长会使车内空气质量下降,因此要经常将车窗适度打开,通风换气。

3.29 幼儿园空气质量的影响因素

幼儿身体发育尚不完善,免疫力和成年人相比较低,幼儿园室内空气污染物可直接侵入幼儿的呼吸系统,引起慢性支气管炎、急性呼吸道感染、哮喘等呼吸系统疾病。可吸入颗粒物会影响幼儿的智力发育,灰尘中的重金属物质可沉积在幼儿内脏及循环系统中,对身体造成极大伤害。

房间内空气中存在许多致病微生物,通过空气传播的常见疾病有14项之多,其中包括大多数幼儿常见传染病。

影响幼儿园室内空气质量的主要因素为:

(1)室内设施:家具、地毯、家电、空调等。

(2)建筑:建筑材料、装修材料等。

(3)室内人员:室内人员尤其是幼儿的汗液等排泄物产生的胺类化物与硫化氢;咳嗽、打喷嚏产生的气溶胶,毛绒玩具吸附的灰尘与细菌,木制玩具的油漆,塑料玩具的化学挥发物等。

(4)烹调:油烟、燃烧产物等。

(5)化学材料:各种清洁剂、杀虫剂、化妆品等。

(6)户外大气污染物的浸入:汽车尾气、建筑粉尘、花粉、沙尘等。

第 4 章 室内热湿与声光环境

4.1 人体热平衡

人体靠摄取食物(糖、蛋白质等碳水化合物)获得能量维持生命。食物在人体新陈代谢过程中被分解氧化,同时释放能量。其中一部分能量直接以热能形式维持体温恒定并散发到体外,其他为机体所利用的能量,最终也都转化为热能散发到体外。人体为维持正常的体温,必须使产热量和散热量保持平衡。人体的基本热平衡可用下式表达:

$$S = M - (\pm W) + (\pm R) + (\pm C) + (\pm E) + (\pm K)$$

式中:S 为人体内热量贮存量;M 为新陈代谢量;W 为人体对外做功;R 为辐射热交换量;C 为对流热交换量;E 为汗液蒸发和呼出水蒸气的散热量;K 为导热热交换量。

如果人体内热量贮存量大于 0,则人体体温升高,人此时感觉热;如果人体内热量贮存量小于 0,则体温降低,人感觉到寒冷;当人体内热量贮存量等于 0 时,人体达到热平衡状态,这时,人体感觉良好。

4.2 人体热舒适

热舒适是人体通过自身的热平衡条件和感觉到的环境情况综合起来获得是否舒适的感觉,通常指大多数人对客观热环境从生理与心理方面都达到满意的状态。分析某一热环境是否舒适可从三个方面入手:①物理方面:根据人体活动所产生的热量与外界环境作用下穿衣人体的失热量之间的热平衡关系,分析环境对人体舒适的影响及满足人体舒适的条件。建筑热舒适环境取决于四个主要环境参数:室内空气温度及其在空间中的分布和随时间的变化、空气的相对湿度、气流速度、围护结构的平均辐射温度。②生理方面:研究人体对冷热应力的生理反应,如皮肤温度、皮肤湿度、排汗率、血压、体温等,并利用生理反应区分环境的舒适程度。③心理方面:分析人在热环境中的主观感觉,用心理学方法区分环境的冷热与舒适程度。

人体皮肤温度与感觉的关系见表4-1。

表4-1　人体皮肤温度与感觉的关系

皮肤温度	人体感觉
45 ℃ 以上	皮肤组织迅速损伤
43 ~ 41 ℃	被烫伤的疼痛感
41 ~ 39 ℃	疼感域
39 ~ 37 ℃	热的感觉
37 ~ 35 ℃	开始有热的感觉
34 ~ 33 ℃	休息时处于热中性状态, 热舒适
33 ~ 32 ℃	中等运动量时感觉舒适
32 ~ 30 ℃	较大运动量时感觉舒适
31 ~ 29 ℃	坐着时有不愉快的冷感
25 ℃ (局部)	皮肤丧失感觉
20 ℃(手)	非常不快的冷感觉
15 ℃(手)	极端不快的冷感觉
5 ℃(手)	伴随疼感的冷感觉

4.3　空调及采暖室内环境参数

依据我国国情,对舒适性空调房间的室内空气参数为:夏季室内温度采用22 ~ 28 ℃,室内风速不大于0.3 m/s,相对湿度30% ~ 60%;冬季室内温度采用18 ~ 24 ℃,室内风速不大于0.2 m/s,相对湿度40% ~ 65%。对于室内温度,一般高层建筑和人们长时间停留的建筑夏季取低值,冬季取高值;对于相对湿度,一般高层建筑和人们长时间停留的建筑夏季取高值,冬季取低值。

民用建筑的主要房间,冬季采暖室内温度为16 ~ 24 ℃,其中浴室不低于25 ℃,室内风速不大于0.3 m/s。

4.4 建筑热湿环境是如何形成的

热湿环境是建筑环境中最主要的内容,主要反映在空气环境的热湿特性中。建筑室内热湿环境形成的最主要的原因是各种外扰和内扰的影响。

1)外扰

外扰是指室外气候参数如室外空气温湿度、太阳辐射、风速、风向变化,以及邻室的空气温湿度,均可通过围护结构的传热、传湿、空气渗透使热量和湿量进入到室内,从而影响室内热湿环境。它们可以通过两种形式影响房间的热湿状态。

(1)通过热交换,即传热的方式。周围空气温度以及太阳辐射,都会通过不透明的墙壁和半透明的门窗玻璃等,向房间进行的传热量交换,以及太阳辐射透过半透明玻璃向房间射入的辐射热等。

(2)通过空气交换,即对流方式。通过门窗缝隙,室内外空气进行交换,以及通过空调或通风系统人为地向房间送入或从房间排出一定数量的空气。伴随室内外的空气交换,外界的热量或湿量将直接影响房间空气的热湿状况。

2)内扰

内扰主要包括室内设备(电器、炊具等)、照明、人员等室内热湿源。

4.5 室内热环境的构成因素

人们有80%以上的时间是在室内度过的,舒适的室内环境是维护人体健康的重要条件,也是人们得以正常生活、工作和学习的重要条件。在舒适的热环境中,人的知觉、智力、劳作的能力可以得到最好的发挥;偏离舒适条件,效率将随之下降;严重偏离时,就会感到过冷或过热甚至使人无法生活和工作。

1)室内空气温度

室内空气温度是室内热环境的主要参数。温度的高低是用“温标”来度量的,目前国际上常用的温标是摄氏温标,符号为t,单位为摄氏度(°C);另一种温标是表示热力学温度的热力学温标,也称作开尔文温标,符号为 T,单位为开尔文(K)。目前,我国很多建筑设计规范和标准中,都以室内空气温度作为设计控制指标。

2)室内空气湿度

室内空气湿度表示室内空气的干湿程度,表示方法有以下几种:

(1)绝对湿度。单位体积空气中所含水蒸气的重量为空气的绝对湿度。绝对湿度可以具体表示单位体积空气中所含水蒸气的真实数量,但从室内热环境的要求看,这种表示方法并不能恰当地说明问题,这是因为绝对湿度相同而温度不同的空气环境对人体热感觉的影响是不同的。绝对湿度只能说明湿空气在某一温度下实际所含水蒸气的重量,不能直接说明湿空气的干、湿程度。当温度不同时,绝对湿度相同的空气其干燥程度是不同的,因此引入相对湿度的概念。

(2)相对湿度。相对湿度是指在一定温度、一定大气压力下,湿空气的绝对湿度与相同温度压力状况下饱和蒸汽量的百分比。相对湿度反映了湿空气中所含水蒸气的分量接近饱和程度。相对湿度越小,表示空气干燥、吸收水分的能力越强,反之则表示空气潮湿、吸收水分的能力弱。当相对湿度为 0 时,为干空气;相对湿度为 100%时,为"饱和的"空气。空气湿度直接影响人体的蒸发散热,在多数情况下,气温在 16 ~ 25 ℃时,相对湿度在 30% ~ 70% 的范围内变化,对人体的热感觉影响不大,但如湿度过低(低于 30%),则人会感到干燥,呼吸器官不适;湿度过高则影响正常排汗,尤其在夏季高温时,如湿度过高(大于 70%),则汗液来不及蒸发,令人不舒适。一般认为最适宜的相对湿度应为 50% ~ 60%。

3)室内空气平均流速

周围空气的流动速度是影响人体对流散热和水分蒸发散热的主要因素之一。气流速度大时,人体的对流蒸发散热增强,也就是加剧了空气对人体的冷却作用。当人体处于偏热的室内环境时,适当提高室内空气平均流速可使人增加舒适的感觉;但室内是偏冷环境时,提高室内空气平均流速则会增加不舒适感。室内气流状态影响人体的对流换热和蒸发换热,也影响室内空气的更新。在一般情况下,当室内空气流速小于0.3 m/s时,人体感到舒适,但在夏季利用自然通风的房间,由于室温较高,舒适的空气流动速度可适当提高。如广州、上海等市对一般居室在夏季使用情况的调查测试结果为:室内风速在0.3~1 m/s以内,多数人感到舒适;当室内风速大于1.5 m/s时,多数人认为风速太大不舒适。

4)室内热辐射

室内热辐射对一般民用建筑而言,主要指房间内各表面对人体的热辐射作用。室内热辐射的强弱通常用"平均辐射温度"代表。平均辐射温度是指室内对人体辐射热交换有影响的各表面温度的平均值。

平均辐射温度对室内热环境的影响很大。在炎热地区,夏季室内过热的原因除气温高外,主要是外墙、外窗内表面的热辐射,特别是由通过窗口进入的热辐射所造成的。而在寒冷地区,因为外墙、外窗内表面的温度过低,将对人产生"冷辐射",也严重影响室内热环境,使人产生不舒适感。

4.6 墙壁随室外空气温度的变化是如何变化的

窗外空气温度波动最大,随着距外墙外表面的距离越大,温度波动相对越小,且最高、最低温度出现的时间越晚,因此外墙的存在使外墙内表面及室内空气温度的变化被延迟并衰减,这是墙体本身的热工特性决定的。同一材料的外墙,厚度越大,保温性能越好,室内空气温度相对越恒定。

4.7 什么建筑室内热湿环境相对稳定

在没有人工设备的情况下,想要室内热湿环境相对恒定,需要考虑以下几方面因素:

1)建筑规划

(1)建筑群之间和建筑物室内,夏季要有良好的自然通风,建筑群不应采用周边式布局形式。低层建筑应置于夏季主导风向的迎风面(南向);多层建筑置于中间;高层建筑布置在最后面(北向),否则，高层建筑的底层应局部架空并组织好建筑群间的自然通风。

(2)可能的情况下，应尽量加大建筑物之间的间距，尽量减少建筑群间的硬化地面，推广植草砖地面，提高绿地率，加强由落叶乔木、常绿灌木及地面植被组成的空间立体绿化体系，以便由树冠和地面植被阻挡、吸收大部分的太阳直射辐射，减小地面对建筑物的反射辐射，降低区域的夏季环境温度，减轻区域的“热岛”现象。

(3)尤其是在我国北方，建筑物尽量采用南北朝向布置；否则，为加强建筑围护结构的保温隔热性能需增大建筑成本。

2)建筑形式

(1)尽量使暴露于阳光下的围护结构面积最小。

(2)在同样建筑面积的情况下，且对建筑的层数有所选择时，多层建筑比低层建筑更有利于减少外围护结构的热辐射量和建筑的能量消耗量。因为，一般建筑的多层和单层相比，不但其外围护结构的面积比单层建筑少，而且墙面的保温隔热处理比屋面的处理要简单一些。

(3)建筑平面如果是简单的、敞开的长方形平面，其长轴的前后两墙的窗户垂直于当地的夏季主导风向，则最有利于自然通风。

(4)应控制建筑物的体形系数，即尽量减少外墙的凸凹面和架空楼板，不应设置外墙洞口处无窗户的凸(飘)窗，坡屋顶宜设置结构平顶棚或降低坡度，应采用封闭式楼梯间等。

3)围护结构

(1)屋顶和外墙既要保温又要隔热，还要防止保温层渗水、内部结露和发霉。屋顶和外墙，最适合采用厚实材料加轻质材料的复合构造做法。

(2)屋顶和外墙的外表面，宜采用浅色饰面层，不宜采用黑色、深绿、深红等深色饰面层，否则应加大屋顶和外墙保温隔热层的厚度。

(3)窗户不应过大，窗户大小以满足采光要求为限。门窗玻璃可采用普通透明玻璃或淡色低辐射镀膜玻璃的中空玻璃，门窗型材可采用塑料型材、断热彩钢及断热铝合金型材，不宜采用非断热铝合金及彩钢型材。还要求外门外窗具有良好的气密性、水密性等。

(4)可适当加大南向外窗，这样冬季可增加进入室内的太阳辐射，夏季可增强自然通风效果。

(5)加强分户墙和楼地面的保温性能。

4.8 绿化可使房屋降温

由于大量水分的蒸发，用绿色植物覆盖的地面往往可创造比较凉快、舒适的环境。例如，在夏季的晴天，每一亩草地每天可以蒸发水分达 1 500 m^3，则每亩草地每天可以吸收热量 1.4×10^8 J，相当于 10 个普通房间的空调机每天开动 20 小时所生产的冷却能量。此外，草地和沥青地面的表面温度的差别，有时可以达到 14 ℃以上，在距地面 30～120 cm 高度以内的温差也可达到 5 ℃左右。因此，当布置建筑平面时，应把住房部分尽量靠近绿化区，即使一些区域必须设置硬地面，也要多种树木来遮阳。这样可使室内温度有所降低。

爬墙植物可用来进行建筑物的垂直绿化，这也是对建筑进行隔热的一种有效措施，此方法尤其适用于广大农村地区。这种措施的不利之处是它使贴近墙面的空气停滞，从而阻碍微风把靠近墙面的热空气带走。当然，植物叶子上的水汽蒸发有利于抵消这些滞留的热空气所带来的不利影响。在冬季时，如爬墙植物为常绿树种，则树叶可以起到一部分覆盖墙面的保护作用，从而可以减少房间的热损失。当选择爬墙植物的树种时，宜在东、南、北三个朝向种植常绿树种，而在南向墙面种植落叶树种，以利于南向墙面在冬季吸收较多的太阳辐射热。

此外，可在建筑南侧种植高大落叶乔木，夏季枝繁叶茂可有效阻挡太阳辐射；冬季落叶后不遮挡室外阳光。

4.9 夏季降低墙内表面温度的方法

夏季，外墙吸收太阳辐射热和空气热量，使墙体内表面温度升高。内表面又可通过辐射与对流的方式向室内传递热量，导致室内空气温度升高。当墙体内表面温度高于 34 ℃时，室内人员会有烧烤感。因此,降低外墙内表面温度对于改善室内热环境、降低空调耗电有很大的积极意义。

(1)外墙外表面宜做浅色处理,如选用浅色的粉刷、涂料和面砖等。

(2)设置通风间层,如通风屋面、通风墙。需要注意的是,通风屋面的风道长度不宜过大,以 15 cm 为上限,间层高度以 100 ~ 200 mm 为宜。

(3)有条件的可设置带铝箔的封闭空气间层,当采用单面铝箔空气间层时,铝箔宜设置在温度较高的一侧。

(4)屋面应尽可能采用坡屋面,设置带老虎窗的通气阁楼可有效减少顶层辐射热,避免顶层住户过热。

(5)可设置种植屋面,有土植被屋顶的覆土厚度宜为 100 mm 左右,可种植草皮等植物。无土植被屋顶可用锯末或膨胀蛭石等覆盖,覆盖层以 200 mm 左右为宜,可种植花卉、蔬菜等作物。

(6)为避免夏季日晒,可在西向外墙适当栽种爬山虎等攀缘植物。

(7)夏季可进行夜间通风,换气次数在每小时 6 ~ 9 次 ,可明显改善室内热环境。

4.10 复合保温外墙的保温方式有哪些

墙体保温指采用一定的固定方式把保温隔热效果较好的绝热材料与建筑物墙体固定一体,从而达到保温或隔热效果的做法。

墙体的保温方式有内保温、外保温及中间保温三种。

1)内保温

内保温是指绝热材料在房屋墙体室内侧,其结构主要包括体结构层、空气层、绝热材料层、覆面保护层等。其特点如下:

(1)对饰面和保温材料的防水、耐候性等技术指标的要求不甚高,纸面石膏板、石膏抹面砂浆等均可满足使用要求,取材方便。

(2)施工方便,室内连续作业面不大,内保温材料被楼板所分隔,仅在一个层高范围内施工,不需搭设脚手架,较为安全方便,有利于减轻劳动强度，同时保温层的施工可不受室外气候影响。但在施工中应注意避免保温材料受潮，同时要等到外墙结构层正常干燥时再安装保温隔热层，还应保证结构层内侧吊挂件预留位置的准确和牢固。

(3)对于内保温要注意避免由于室内水蒸气向外渗透，在墙体内产生结露而降低保温隔热层的保温性能，还要注意消除一些内外墙相交的节点或圈梁、楼板、构造柱等引起热流过于集中而产生的“热桥”现象。

(4)由于材料、构造、施工等原因，饰面层出现开裂。

(5)由于内保温墙体外侧结构层密度大，蓄热能力大，因此采用内保温的墙体时室温波动相对较大，即供暖时升温快，不供暖时温度降低也很快。

(6)由于保温隔热材料设在墙体内侧，会占用一定的使用面积，如果是旧房改造，有可能会影响室内住户的正常生活。

2)外保温

外保温是指保温隔热材料在房屋的室外侧，并覆盖保护层。这样，建筑的整个外表面都被保温层覆盖，可有效地减少室内外的热量交换，使室内温度相对恒定。外保温的特点如下：

(1)外保温可避免产生“热桥”。如果采用内保温的方法，主墙体越薄，保温层越厚，热桥现象越严重，在冬季，热桥不但会造成额外的热损失，还可能使外墙内表面潮湿、结露甚至发霉淌水，而外保温则可有效避免这些问题。由于外保温避免了热桥，在采用同样厚度保温材料时，外保温比内保温的热损失减少约20%，从而减少能耗。

(2)由于墙体热容量大，同时墙体相对保温材料又位于室内侧，室内可以储存更多热量，比如使太阳辐射或间歇采暖造成的室内温度变化减缓，即室内温度相对稳定。夏季，外保温可以减少太阳辐射热量进入和室外高气温的综合影响，使外墙内表面温度和室内空气温度得以降低。因此，外保温有利于室内热环境稳定。

(3)由于外保温中，保温材料在室外侧，内部的墙体结构受到保护,室外气温不断变化引起墙体内部较大的温度变化发生在保温层内,使内部墙体冬季温度提高、湿度降低,温度变化较为平缓,热应力减小,因此主体墙体产生裂缝、变形、破损的可能性大为降低,有利于延长墙体寿命。

(4)对于用户来说,在采用内保温的墙面上难以吊挂物件,甚至安装散热器都很困难。在旧房改造时,从内侧保温会干扰住户的正常生活,还会减少使用面积,而外保温则可避免发生这些问题。当外墙必须进行装修或抗震加固时,加做外保温是最经济、最有利的时机。

(5)目前,我国多数住户入住新房时先要进行装修,在装修时,房屋内保温层比较容易遭到破坏,采用外保温则不存在这个问题。外保温有利于加快施工进度,因为如果采用内保温,房屋的内部装修、安装暖气等工作都要等到内保温工作完成后才能进行,而采用外保温,则可与室内工作同时进行。

(6)外保温的综合经济效益高。虽然外保温每平方米造价比内保温相对高一些,但只要技术选择适当,单位面积造价高得并不多。特别是由于外保温比内保温增加使用面积近2%,实际上使单位面积造价得以降低。

3)外墙夹心保温技术

外墙夹心保温是将保温材料置于外墙的内、外侧墙片之间,内、外侧墙片可采用混凝土空心砌块。其特点如下:

(1)对内侧墙片和保温材料形成有效的保护,对保温材料的选材要求不高,聚苯乙烯、玻璃棉以及脲醛现场浇注材料等均可使用。

(2)对施工季节和施工条件的要求不十分高,不影响冬期施工。在黑龙江、内蒙古、甘肃北部等严寒地区曾经得到一定的应用。

(3)在非严寒地区,此类墙体与传统墙体相比尚偏厚。

(4)内、外侧墙片之间需有连接件连接,构造较传统墙体复杂。

(5)外围护结构的“热桥”较多。在地震区,建筑中圈梁和构造柱的设置,“热桥”更多,保温材料的效率仍然得不到充分的发挥。

(6)外侧墙体受室外气温影响大,昼夜温差和冬夏温差大,容易造成墙体开裂和雨水渗漏。

4.11 房间外遮阳与内遮阳的区别和联系

建筑遮阳是指遮阳是通过建筑手段,运用相应的材料和构造,与日照光线成某一有利的角度,遮挡通过玻璃影响室内过热的热辐射,而不减弱采光条件的手段和措施。建筑遮阳的目的是阻隔阳光直射,这样做的好处有三个:①可以防止透过玻璃直射阳光使室内过热;②可以防止建筑围护结构过热并造成对室内环境的热辐射;③可以防止直射阳光造成的强烈眩光。按与外围护结构的相对位置可以分为内遮阳、外遮阳(见图 4-1)。

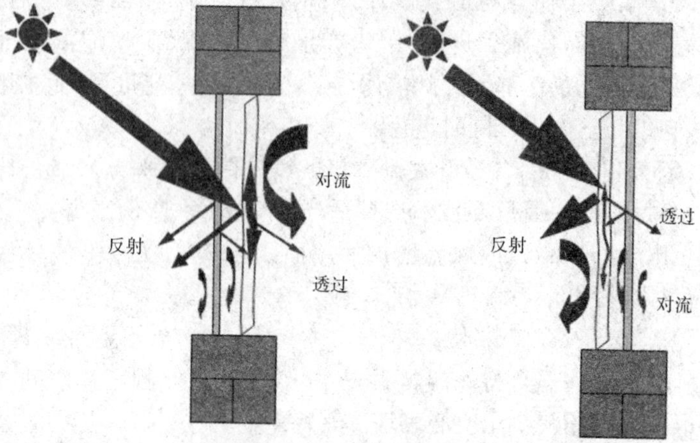

图 4-1 内遮阳与外遮阳

(1)内遮阳。如一般的窗帘、弹簧卷帘、活动遮阳百叶板等,都可在不同程度上起到遮阳的效果。由于它们都是设于房间内的设施,因此称为内遮阳设施。其主要缺点是遮阳与自然通风会产生一定的矛盾。另外,阳光的辐射热量虽在一定程度上得到了遮挡,但其相当一部分的热量还会滞留在室内,使房间的温度最终可能升高。

(2)外遮阳。如木制的、金属的、各种硬质塑料的、石棉板的或轻质混凝土制成的各种遮阳板设施，通常这类设施都位于室外。从功能的需要来说，一般水平式遮阳板适用于南向的房间；方格式遮阳板适用于东南向或西南向的房间；垂直式遮阳板、花格式或挡板式遮阳板适用于东向或西向的房间，但由于东、西向的日照角度比较低，当窗户设置这两种形式的遮阳板后，一般也只能部分遮住东、西向的日照。如果要求全部遮住这两个朝向的日照，则只有使垂直遮阳板的朝向偏北，或把遮阳板设计成可转动的。总的来说，外遮阳比内遮阳的节能效果要好。

4.12 影响热舒适性的因素有哪些

室内环境的热舒适性不仅取决于室内环境因素，还与活动量及衣着量等人体因素有关。

1）室内环境因素

人的冷热感觉对室内的环境因素依赖性很大。这些室内环境因素包括空气温度、湿度、气流速度及壁面温度等。

2）人体因素

对人的冷热感觉起作用的人体因素主要是人的活动量和衣着量。此外，还在一定程度上涉及人的健康、性别、年龄、体形等因素。

（1）人体的活动量：人体活动量决定人的新陈代谢率，在进行不同的活动时，人体的新陈代谢率是不同的，如人静坐时新陈代谢率为 60 W/m^2；而以 4 km/h 的速度上坡度为 5% 的坡道时，新陈代谢率为 200 W/m^2。

（2）衣着：人衣着的多少，也在一定程度上影响着人对热环境的感觉。不同服装的热阻不同。

4.13 温度对人体健康的影响

高温情况：当室内温度高于 30 ℃，相对湿度 >80% 时，环境温度高于体表温度，人体皮肤温度很快升高，此时人的体温调节系统处于高负荷状态，人体通过出汗蒸发散热来调节体温，大量出汗导致体内水分、盐分流失，代谢失调，引发循环、消化、泌尿、神经系统功能改变而诱发中暑、皮肤病等。同时，心脑血管、糖尿病的发病率和死亡率上升。人的工作效率明显下降,在35 ℃时体力劳动效率下降70%,脑力劳动者的反应速度、运算能力、敏感度等下降30%。

我国正常成年人的体温如表4-2所示。

表4-2 我国正常成年人的体温 (单位:℃)

项目	平均值	变动范围
腋温	36.8	36.0~37.4
口温	37.2	36.7~37.7
肛温	37.5	36.9~37.9

体温即使比正常体温高1 ℃,也会损害身体健康,人体感到不适。在非感染性病理发热的条件下,体温上升到38.3 ℃以上则为轻症中暑,当人体体温升到40 ℃时,称做体温过高,此时停止出汗,体内热量无法散发,出现重症中暑。如不及时采取措施,体温将迅速上升;一般认为人的最高致死体温为45 ℃。

低温情况:人体在冷的环境下,皮肤、血管收缩,体内热量减少,需肝脏、内脏增大负担,血流量增加、新陈代谢加强来维持体温,导致心率加速、呼吸急促而引起哮喘和循环系统疾病。

当体温低于正常体温时,人会感觉到寒冷,在自然冷却的情况下,先是发生颤抖(肌肉收缩主要是为增加新陈代谢的强度),当体温下降至低于36 ℃时,称做体温过低。但此后体温会迅速下降,当体温下降为28 ℃以下有死亡危险,当体温降至20 ℃时,通常生命不能复苏。

4.14 人是对冷敏感还是对热敏感,为什么

在人的皮肤上存在着"冷点"和"热点",即对冷敏感的区域和对热敏感的区域。研究结果表明,人体各部位的冷点数目明显多于热点,而且冷点和热点的位置不相同,冷感受器位于贴近皮肤表面下0.15~0.17 mm的生发层中,而热感受器则位于皮肤表面下0.3~0.6 mm处。冷热感受器的位置分布和密度分布的不同决定了人体

对冷感觉的反应比对热感觉的反应更敏感。

4.15 室内环境发生改变时人体的反应

人体与非生物体的热变化过程的区别在于人体的温度和散热量并不完全由环境因素决定,因为人体的体温调节系统在一定环境参数范围内具有主动调节这些参数的能力。体温调节的主要功能是将人体的核心温度维持在一个适合于生存的较窄的范围内。调节体温的中枢主要在下丘脑。它是大脑的一部分,在食物摄入、水分平衡、体温调节等一些自主功能中起主要作用。下丘脑由几个分区组成,其中两个分区控制着温度调节,称为下丘脑前部和后部。实验结果表明,下丘脑前部的主要作用是促进散热,而后部的主要作用是促进产热以达到御寒的目的。但也有实验发现下丘脑前部也对产热有影响作用,因此下丘脑是一个整体分层次的体温调节的中枢整合机构。

下丘脑前部的作用是调动人体的散热功能。如果周围环境温度(空气、围护结构、周围物体表面的温度)提高,或进行大运动量的活动,热感受器就会向大脑发出信息。只要下丘脑前部的温度稍高于设定值,它就会发送出神经脉冲以引发人体的相关扩张和排汗机能。皮肤表层的血管就会扩张以便增加血液流量,这样血液就能够把更多的热量带到皮肤表面,提高皮肤温度,从而增加皮肤向环境的散热量。如果这样仍然不能抑制身体内部的温度上升,体温调节系统会命令皮肤出汗,通过蒸发带走身体的热量。

下丘脑的后部执行着抵御寒冷的功能。当人体处于冷环境时,下丘脑的后部从冷感受器接受温度信号,然后指示皮下血管收缩来减少身体表层的血流量,通过这种方式可以降低皮肤温度以减少人体辐射和对流热损失。为了调节温度而改变血流量和皮肤表面细胞的大小的机能叫做血管收缩调节。如果人体内部温度仍不能维持恒定,人体体温调节系统就会自动通过冷颤等方式增加代谢率。如果人体产热量不能抵偿热损失,体温就不可避免地要下降。因此,人体的御寒能力是很弱的,相对而言,人体防止过热的能力却要强得多。

4.16 湿度对人体健康的影响

一般人在45%～55%的相对湿度下感觉最舒适。过热而不通风的房间里的相对湿度一般比较低，这可能对皮肤不良和对黏膜有刺激作用。

空气湿度高时，会影响到人体因高温而散发热量，妨碍汗液蒸发而使脉搏加快，心脏、血循环系统受影响，当高温且相对湿度>70%时，人会感觉闷热，易中暑。

空气湿度高、温度低时，会加速机体散热，此时人体中的热辐射被空气中的水蒸气吸收，人感到寒冷，血管收缩，人体代谢率降低。高湿低温的环境易增加人的冷感。

当温度适中时，相对湿度变化对温度的影响小，当温度为15.5 ℃，相对湿度改变50%，相当于温度改变1 ℃。

当空气湿度高、温度低时，水蒸气以大气中细微粒子为凝结核形成雾，妨碍了有害物质的扩散，使居室内环境空气质量下降，二氧化硫形成酸雾在水的协同下生成毒性更大的H_2SO_3。高气湿时，细菌、霉菌易于滋生。

当空气湿度低，空气干燥，除人体有种种不适反应外，还促使尘土飞扬，使物质干裂、生活条件恶化。尤其在冬、春季节湿度太低，当空气相对湿度小于10%～15%时，人往往出现嘴唇干裂、鼻孔出血、喉头燥痒等不适症状。

总的来说，人在高温但低湿度的情况下（比如沙漠）比在温度不太高但湿度很高的情况下（比如雨淋）的感觉要好。

4.17 人体对室内气流速度的感觉

气流速度即室内空气的流速，主要由室内外人工通风、空调、室内热源等引起空气流动。室内气流与室外风速一样对污染物有稀释和扩散作用，室内如长期不通风，室内空气会令人感到窒息、疲劳、头晕，易感染呼吸系统及其他系统疾病。空气流速影响人体的对流和散热，而室内气流会有效地清除微生物和其他污染物。

当气流速度小于0.5 m/s时，人感觉不到有气流的存在；当气流速度大于0.5 m/s时，长时间暴露使人有不适感。夏天，当气流大于1 m/s时，气温可降1 ℃；在冬季，气流过大不利于调节体温，使人体散热加快，尤其在低温高湿的环境中，气流速度增大会加快人体散热，不适感增加。

4.18 劳动效率与热环境的关系

大量现场调查证实，室内热环境会影响室内人员的劳动效率：高温会降低劳动的效率；寒冷影响肢体的灵活性；温度偏离最佳值会增加事故发生率。

当室内环境过热，会导致换热量增加、体力消耗增大，同时人体心跳加速，影响身体健康和工作效率。很多试验表明，脑力劳动为主的工作效能在有效温度高于约33 ℃后开始下降。

低温环境对劳动效率影响的试验结果表明，手的皮肤温度低于15 ℃时，关节变得僵硬，灵巧性明显下降；手的皮肤温度低于6 ℃时出现麻木感觉；冷风有涣散精神作用，分散工作注意力；体温过低导致人过于激奋，降低需要持续集中注意力的工作的效能。

4.19 建筑声环境

建筑声环境是指室内音质问题与振动和噪声控制问题。理想的声学环境需要的声音（如讲话、音乐等）能高度保真；而不需要的声音（噪声）不致干扰人的工作、学习和生活。良好的建筑室内声环境可以改善人们的生活空间，创造健康、舒适与和谐的室内生活环境。随着我国经济建设的快速发展，噪声控制已经成为现代生活的主要问题之一。室内噪声使人感到不舒适，会给人带来烦恼；在噪声较大的环境中学习和工作，一般会使学习和工作效率降低。噪声对人们的身心健康危害较大，会对人体听觉器官、神经系统、心血管系统以及视觉器官等造成影响。因此，非常有必要对噪声控制进行研究以创造一个良好的室内声环境。

4.20 什么是噪声污染

物理学上将发音物体有规律地振动而产生的具有固定音高的音称为乐音；声源做无规则振动时发出的声音称为噪声。我们这里讨论的噪声与人体所处的环境和主观感觉有关,凡是影响人们正常的学习、生活、休息等的一切声音,都称之为噪声(如图4-2所示)。判断一个声音是否属于噪声,仅从物理学角度判断是不够的,主观上的因素往往起着决定性的作用。例如,美妙的音乐对正在欣赏音乐的人来说是乐音,但对于正在学习、休息或集中精力思考问题的人可能是一种噪声。即使同一种声音,当人处于不同状态、不同心情时,对声音也会产生不同的主观判断,此时声音可能成为噪声或乐音。因此,从生理学观点来看,凡是干扰人们休息、学习和工作的声音,即不需要的声音,统称为噪声。当噪声对人及周围环境造成不良影响时,就形成噪声污染。

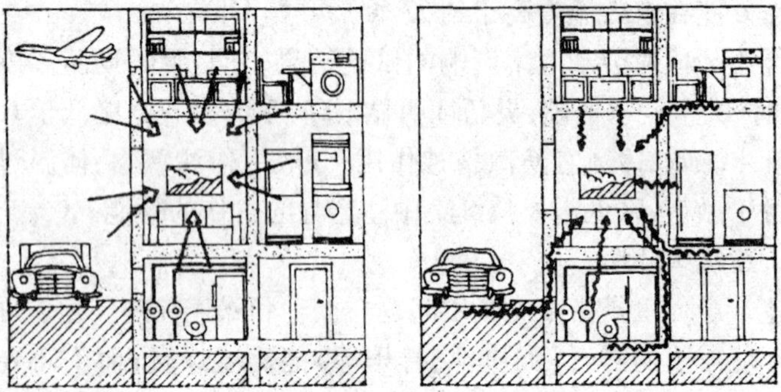

(a)空气声(经空气和围护结构传播)　(b)固体声(振动噪声)

图4-2　噪声

4.21　噪声污染的特点及危害

1)噪声对人体的直接危害

噪声对人体最直接的危害是引起耳部的不适,如耳鸣、耳痛甚至听力损伤。人们在进入强噪声环境时,暴露一段时间,会感到双耳难受,甚至会出现头痛等感觉,据测定,超过115分贝(dB)的噪声还会造成耳聋。离开噪声环境到安静的场所休息一段时间,听力就会逐渐恢复正常。这种现象叫做暂时性听阈偏移,又称听觉疲劳。但是,如果人们长期在强噪声环境下工作,听觉疲劳不能得到及时恢复,且内耳器官会发生器质性病变，即引起噪声性耳聋。临床医学统计，若在80 dB以上噪声环境中生活，造成耳聋者可达50%；医学专家研究认为，家庭噪声是造成儿童聋哑的病因之一；噪声污染是引起老年性耳聋的一个重要原因。若人突然暴露于极其强烈的噪声环境中，听觉器官会发生急剧外伤，可能使人耳完全失去听力，即出现暴震性耳聋。此外，听力的损伤也与生活的环境及从事的职业有关，如农村老年性耳聋发病率较城市为低，纺织厂工人、锻工及铁匠与同龄人相比听力损伤更多。

2）噪声能诱发多种疾病

因为噪声通过听觉器官作用于大脑中枢神经系统，以致影响到全身各个器官，故噪声除对人的听力造成损伤外，还会给人体其他系统带来危害。由于噪声的作用，会产生头痛、脑胀、耳鸣、失眠、全身疲乏无力以及记忆力减退等神经衰弱症状。长期在高噪声环境下工作的人与低噪声环境下的情况相比，高血压、动脉硬化和冠心病的发病率要高2~3倍。可见噪声会导致心血管系统疾病。噪声也可导致消化系统功能紊乱，引起消化不良、食欲不振、恶心呕吐，使肠胃病和溃疡病发病率升高。此外，噪声对视觉器官、内分泌机能及胎儿的正常发育等方面也会产生一定影响。在高噪声中工作和生活的人们，一般健康水平逐年下降，对疾病的抵抗力减弱，诱发一些疾病，但也和个人的体质因素有关，不可一概而论。

（1）损害心血管。噪声会加速心脏衰老，增加心肌梗塞发病率，是心血管疾病的危险因素，医学专家经人体和动物试验证明，长期接触噪声可使体内肾上腺分泌增加，从而使血压上升，在平均70 dB的噪声中长期生活的人，可使其心肌梗塞发病率增加30%左右，特别是夜间噪声会使发病率更高。调查发现，生活在高速公路旁的居民，心肌梗塞率增加了30%左右。

（2）噪声还可以引起如神经系统功能紊乱、精神障碍，可使人出现头晕、头痛、失眠、多梦、全身乏力、记忆力减退以及恐惧、易怒、自卑甚至精神错乱。

(3)对女性生理机能的损害。如导致女性性机能紊乱、月经失调、流产率增加等。专家们曾在哈尔滨、北京和长春等7个地区经过为期3年的系统调查,结果发现噪声不仅能使女工患噪声聋,且对女工的月经和生育均有不良影响。另外可导致孕妇流产、早产,甚至可致畸胎。国外曾对某个地区的发生流产和早产的孕妇作了调查,结果发现她们都居住在一个飞机场的周围,祸首正是飞机起降所产生的巨大噪声。

(4)噪声对儿童身心健康危害很大。因儿童各组织器官发育尚未成熟,不论是体内的胎儿还是刚出世的孩子,噪声均可损伤听觉器官,使听力减退或丧失。据统计,当今世界上有7 000多万耳聋者,其中相当部分是由噪声所致;如果在85 dB以上噪声中生活,耳聋者可达5%。

(5)噪声对视力的损害。人们只知道噪声影响听力,其实噪声还影响视力,试验表明,当噪声强度达到90 dB时,人的视觉细胞敏感性下降,识别弱光反应时间延长;噪声达到95 dB时,有40%的人瞳孔放大,视觉模糊;而噪声达到115 dB时,多数人的眼球对光亮度的适应都有不同程度的减弱。所以,长时间处于噪声环境中的人很容易发生眼疲劳、眼痛、眼花和视物流泪等眼损伤现象。同时,噪声还会使色觉、视野发生异常。

(6)噪声对心理的影响。噪声能够使人烦恼、紧张、激动、易怒,甚至失去理智。噪声还能使人疲劳,据临床医学统计,人若长期在85 dB以上的噪声环境中生活,会使人心烦意乱。

3)噪声对生产和生活的影响

(1)降低工作效率。在嘈杂的环境中,人们心情烦躁,工作容易疲劳,反应也迟钝。研究发现,噪声超过85 dB,会使人感到心烦意乱,人们会感觉到吵闹,因而无法专心地工作,结果会导致工作效率降低。噪声对于从事精密加工或脑力劳动的人影响更为明显,试验表明,当人受到突然而至的噪声一次干扰,就要丧失4秒钟的思想集中。据统计,噪声会使劳动生产率降低10%~50%,如打字、排字、速记及校对等工种，随着噪声的增加，差错率有上升趋势。

(2)干扰休息和睡眠。休息和睡眠是人们消除疲劳、恢复体力和维持健康的必要条件。但噪声使人不得安宁，噪声对人的睡眠影响极大，导致人难以休息和入睡。噪声会导致多梦、易惊醒、睡眠质量下降等，突然的噪声对睡眠的影响更为突出。当人辗转不能入睡时，便会心态紧张，呼吸急促，脉搏跳动加剧，大脑兴奋不止，第二天就会感到疲倦，或四肢无力，从而影响工作和学习，久而久之，还会得神经衰弱症，表现为失眠、耳鸣、疲劳。

4.22 如何避免噪声污染

噪声的传播中有三个因素，即声源、传播途径和接受者。若缺少其中一个因素，噪声干扰就不存在。因此，减少或避免噪声污染也要从这三方面入手，即控制声源、控制传播途径和个人保护。对于一般的家庭，主要从以下几方面降低或消除室内噪声。

(1)临街窗户改成隔声。一般隔声窗是由两层 5 mm 厚的玻璃组成，每层都密封，中间封闭 5 mm 厚空气层，可降低噪声一半。

(2)墙壁不宜过于光滑。过于光滑的墙壁会使声音产生反射，略粗糙些可以吸收一些声音。贴挂一些图片、条幅、字画之类的物品，可帮助吸声，减少室内回声，又可使房间典雅美观。有条件的最好装饰吸声材料。

(3)室内适当多用些布艺装饰。试验证明，悬垂与平铺的织物，其吸音作用和效果是一样的，如窗帘、地毯等，窗帘的隔音效果最为明显。在卧室，为了保证宁静的休息环境，应选用质地厚实的窗帘帐幅织物以控制光线和外界的噪声。

(4)地板选软点。木质家具的纤维、多孔性能吸收噪声，购置家具时可适当考虑，装修中使用软木质地板也是一种有效的选择。另外，铺设地毯，其柔软的触感不但能产生舒适温馨的感觉，而且能够消除脚步的声音，有利于人们休息。

(5)室内光线要柔和。眩目的地板、天花板、墙壁会干扰人体中枢神经系统，让人心烦意乱，也使人对噪声格外敏感。所以，进行室内装饰时,对各种灯具和装饰材料的选择要格外注意,室内光线柔和能够使人宁静,从而降低对噪声的敏感度。

(6)注意防止家用电器的噪声污染。在购置家用电器时,要选择质量好、噪声小的。尽量不要把家用电器集于一室,冰箱最好不要放在卧室,尽量避免各种家用电器同时使用;一旦家用电器发生故障,要及时排除,因为带病工作的家用电器产生的噪声比正常机器工作的声音大得多。

(7)电梯不应与卧室、起居室紧邻布置,否则必须采取隔声、减振措施。

(8)室内种养花卉,可减弱噪声,又可观赏,调节室内小气候。

(9)此外,应该从自己和家人做起。例如,在不影响工作、学习和娱乐的情况下,应严格控制家用电器和其他发声器具的音量与开关时间。尤其是高频立体声音响的使用,其音量一定要控制在 70 dB 以下。

(10)若有不可抗拒的力量改变不了噪声环境,应当采取个人防护。可以采取避开的办法;若不能长时间避开,可以采取坚持 1 小时,避开 1 小时的办法;若短时间也离不开,可以佩戴护耳器(耳塞、耳罩和头盔),一般可使耳内噪声降低 10 ~ 40 dB,可以隔 1 小时戴护耳器 1 小时。若必须在这种环境中学习或思考,亦可采用佩戴护耳器的办法避免伤害。

遇到室内噪声污染的情况,可进行室内噪声检测,然后根据污染源采取相应的措施,如果是由外界造成的噪声污染.可与有关部门联系解决。

4.23 如何正确听音乐

音乐虽好,但如果听音乐的方式不正确,音乐也会变成噪声,危害健康。所以,听音乐时应注意以下几方面:

(1)不要长时间听节奏强劲的音乐。摇滚乐、迪斯科等节奏强劲的音乐,对于人的自主神经、判断能力和行动等都会产生很大的影响,长时间听会引起身体的病态反应,严重的还会导致休克和神经错乱等症状。

(2)听音乐时要注意音量不要太大。音量太大的音乐会造成听觉迟钝。如果音量超过100 dB,只需1.5小时,就已等于1周可以承受的总声音负荷,一般耳机里音量可达到120 dB。

(3)不要空腹时听进行曲。人在空腹时饥饿感强烈,进行曲节奏感强,会加强人的饥饿感。

(4)吃饭时不要听打击乐。打击乐一般都节奏明快、铿锵有力、音量较大,能够导致心跳加快、情绪不安。如果吃饭时听,让人产生食之不安的感觉,既会影响食欲,还有碍消化。

(5)生气时不要听摇滚乐。人在生气时头脑不冷静,情绪容易冲动、失态,而摇滚乐刺激性强,此时听摇滚乐,无异于火上浇油,助人生气。

(6)悲愁时忌听忧伤曲。忧伤乐曲节奏徐缓,扣人心弦,而人在忧伤、悲哀时,情绪低沉,精神颓废,此时听忧伤曲,会加重人的悲愁情绪,加深痛苦。

(7)睡前忌听交响曲。交响曲气势宏大、跌宕起伏、激荡人心,能使人精神亢奋、情绪激动,在睡前听,会使人难以入睡。

4.24 通过装修减少噪声

1)通过装修预防新房的噪声

随着人们生活水平的提高和住房条件的改善,住房的噪声污染问题成为影响居民生活和健康的新问题,很多家庭在购买和居住新房以后发现了噪声污染问题,而且难以解决,成为困扰居民的室内噪声污染问题。

购买新房时要尽量了解房屋的噪声和隔声情况,消费者可以采用委托检测单位检测和自己测试并现场感受的方法,了解室内噪声和隔声情况。购买新房的消费者最好对房屋周边环境进行了解,然后对房屋的隔声情况、设备位置和传声情况、门窗隔声情况进行了解,便于在房屋装修中进行隔声处理。

前已述及,要想有一个安宁舒适的室内声环境,最好对隔声效果不好的门窗、地面和墙壁进行隔声处理，尤其是临街的门窗、墙体等，装修以后再进行隔声不但增加了资金的投入，而且达不到理想的效果，因此最好在装修时进行，会收到事半功倍的效果。

2）通过装修解决房屋的分户墙隔传声问题

通过分户墙墙壁传进的邻居生活声音一般令人很不愉快，这使得一些消费者在家中生活得提心吊胆，担心自己的活动同样会影响邻居的生活。如果有的家庭进行娱乐活动影响会更大，所以家庭墙面在装修时要进行隔声处理。但是很多家庭往往在地板、墙面和家具已经装修完毕入住后，才发现隔声不好的问题，再进行隔声处理不但投入的资金增加，而且会对装修的墙面和地面家具造成损坏。因此，建议在装修时进行隔声材料处理最方便。可以在专业人士指导下用吸声棉和石膏板做一层隔墙，或者使用专业的隔声材料。

注意墙面孔洞的空气传声。一些房屋墙面的电线盒、插座盒是相通的，会成为墙面传声的通道，还有的空调孔等也可能成为声音通道。

3）通过装修解决房屋楼板传声

几乎所有住在楼里的业主都有这样的困扰，楼上住户的脚步声很让人心烦，特别是晚上入睡时，很容易就被突如其来的楼上脚步声吵醒。一些楼房的楼板比较薄，上下楼之间的楼板传声不但影响生活和休息，还会影响邻里关系。特别是家中有儿童或者饲养宠物的家庭，楼上的活动对下层居民的影响更大。

此种情况下，地面使用实木地板的隔声效果好一些，如果楼板隔声效果太差，在铺装地砖时应该采用地面浮着隔声工艺，可以大大降低楼板传声。在地面或者在通道部分铺装地毯也可以降低噪声，或可以用专业的隔声材料做专门的隔声吊顶。

4）通过装修解决房屋管道噪声

一些住宅楼的自来水或者中水水泵安装在楼内的地下室里面，如果购买底层房屋时不知道，入住以后发现已晚，晚上同样会被持续的低频声音和振动干扰，同时随着设备的老化和失修，声音和震动会越来越大。而楼内的设备传声可以通过管道振动传导到其他楼层，另外还有紧邻房间的电梯间的声音，也会对生活产生干扰。

晚上楼房里冲马桶的哗哗声、水龙头的振动声，这些卫生间的流水声，都可能是室内噪声，目前大多数楼房采用的PVC下水管，马桶冲水的声音特别大，使得楼下住户难以忍受。如果有的家庭洁具漏水跑水，在晚上夜深人静的时候，持续的滴水声也会使人难受。

化解之招：合理安排房屋格局，如果房屋隔声不好，卧室应该尽量远离声源，特别是高层楼房的卫生间和厨房，尽量不要和卧室、儿童房相邻。

解决卫生间的PVC下水管传声问题，可以在水管上包覆吸声板，或者装修时在下水管道外安装龙骨支架，然后在外面钉上吸声板，还可以在吸声板里面粘上一层海绵或者聚氯乙烯泡沫板（板材厚度应在1 cm以上）。

5）通过装修解决门窗传声

很多购房者在购房时只对户型、采光、通风等比较注意，往往忽略了对环境噪声的考虑。结果入住以后发现住宅面临公路、市场、工厂、车站等场所，噪声污染不但导致无法开窗通风，而且如果门窗隔声效果差，会每天在嘈杂的环境里面生话，苦不堪言。此时可采取如下措施：①选择效果好的隔声窗，因为90%的外部噪声是从门窗传进来的，因此选择隔声好的门窗非常重要。现在比较流行的方法是选用中空双层玻璃窗和塑钢平开密封窗，可以隔离70%～80%的噪声，而普通的铝合金单层玻璃窗只能隔离30%～40%的噪声。②选择质量较好的防火隔声门，可以隔离掉30 dB左右的噪声。另外，户内门的隔声往往被大家忽视，实际上室内门的隔声也很重要，特别是有老人和孩子的家庭，在装修时应该注意室内门的隔声，减少家人生活的互相影响。③多选用布工艺装饰和软性装饰，因为布工艺饰品有非常好的吸声效果。一般来说，越厚的窗帘吸声效果越好，质地以棉麻为最佳。一条质地好的窗帘可以减少10%～20%的外界噪声。另外，铺地毯也对室内噪声有吸收作用。④外阳台进行改造的，应该进行墙面和阳台窗的隔声处理，不但可以防止室外噪声的传入，还可以起到保温隔热的作用。

4.25 建筑光环境

当今社会处于信息时代，人们依靠不同的感觉器官从外界获得信息，其中大部分信息是通过视觉器官即眼睛来获取的。人们在良好的光环境下，才可以进行正常工作和生活，创造舒适的建筑室内光环境能够减少人的视觉疲劳，保证身体健康，提高学习和工作效率，降低建筑能耗。因此，为了保证人们日常工作和生活得以正常进行，建筑光环境的好坏是评价建筑室内环境质量的重要指标。

建筑光环境是指由光（照度水平和分布、照明的形式）与颜色（色调、色饱和度、室内颜色分布、颜色显现）在室内建立的同房间形状有关的生理和心理环境。从设计的角度来说，室内光环境包括天然采光和人工照明两方面内容。

（1）天然采光。天然采光是通过不同形式的窗户以及建筑构件利用天然光线，使室内形成一个合理舒适的光环境。窗户大小、玻璃颜色、反射和折射镜等不同构件的组合可产生丰富多彩的室内光环镜。天然光线（太阳光线）具有固定丰富光谱。

（2）人工照明。人工照明是利用各种人造光源，通过灯具造型和布置设计，形成合理的人工光环境。人工照明不只局限于满足照度的需要，而要向环境照明、艺术照明发展，以满足人对不同光环境的心理需要。

4.26 什么是良好的光环境

室内良好的光环境是保证视觉功能舒适有效的基础。

良好的光环境是指人们可以不必通过意识的作用强行将注意力集中到所要看的地方，就能不费力气而清楚地看到所有搜索的信息，而且获得的信息与实际情况相符合，背景中也没有视觉“噪声”干扰注意力。

4.27 室内光环境的基本要求

室内光环境的基本要求按光源的性质不同，对自然光和人工照明有各自不同的要求。

1）自然光

自然光能给人带来温暖、热烈开朗的心理感受，和人工照明相比，自然光是一种取之不尽、用之不竭的巨大能源，合理使用不但可以节约能源，而且可以减少污染。

（1）采光标准。在无遮挡的情况下，室内照度的最低值是在室内得到需要的最小照度。我国标准规定，室内临界照度一般取5 000 lx。室内因采光口面积不同和房间地面面积的不同而有不同的采光要求。

（2）采光方式。

侧面采光：其优点是有利于开启、防雨、隔热，且施工、维护也很方便，但采光量少，分布不均匀，受邻近地段干扰。南向侧面采光入射虽大，但不稳定，多用于居室、教室、儿童活动房等。北向则光线稳定，但入光量小，适合于展室、画室和精密加工车间等。

顶部采光：室内顶部设采光口采光，其优点是利于采光量及其分布，不受邻近地段干扰。

顶部侧面采光：利用屋顶天窗侧面采光，其优点是利于光量分布、防水、施工且不受邻近地段干扰。

侧面底部采光：采光口在室内距地面较近之处。这种方式力求避免直射日光，可以利用室内表面反射光得到照度，且与遮阳构造密切有关。它有利于采光量及其分布，并兼有一些侧面采光的优点。

除以上几种采光方式外，采光处的一些设施也会对采光产生影响。如利用窗帘、百叶窗、遮阳板、花格、绿化或对透光材料的选择来改善和调节采光。

2）人工照明

（1）照度标准。任何空间的照明都要满足使用功能所需的照度。不同的功能要求，也就有不同的照度要求。

（2）灯光照明位置。人们习惯于把灯安放在房间的中心，但这种布置不能解决实际的照明问题。正确的灯光布置应由室内人们活动范围和家具陈设的布置范围来决定。例如，供人们看书写字用的灯具应布置在与桌面或座位有恰当距离的位置（如图 4-3 所示），这样，不但照明设计能满足功能要求，而且能加强整体空间的意境和空间层次。

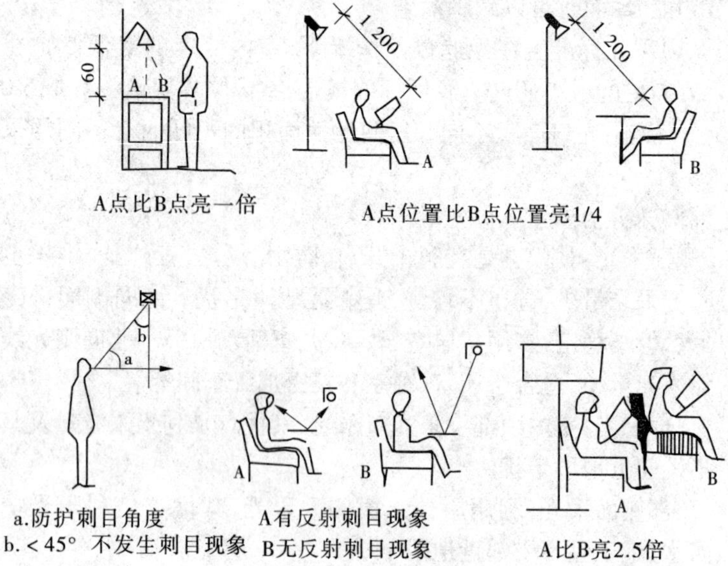

图 4-3　人与灯具位置

照明的位置与人的视线和距离有着密切的关系，主要是要解决耀眼现象——眩光。眩光的程度与发光体相对眼睛的角度有关，角度越小，眩光现象越强，照度损失也越大。

（3）灯光照明的投射范围。所谓灯光照明的投射范围，就是达到照度标准的范围有多大，这取决于人们在室内活动的范围和被照物体的体积与面积，可根据投射范围大小要求选择适合的照明方式。照明方式有整体照明、局部照明、装饰照明、特种照明四种方式。其中住宅多使用局部照明、整体照明或整体照明和局部照明结合的方式。

（4）照明灯具选择：

在灯具选择之前，首先应熟悉灯具的种类和形式，并对其有初步的了解和认识。如图4-4所示。

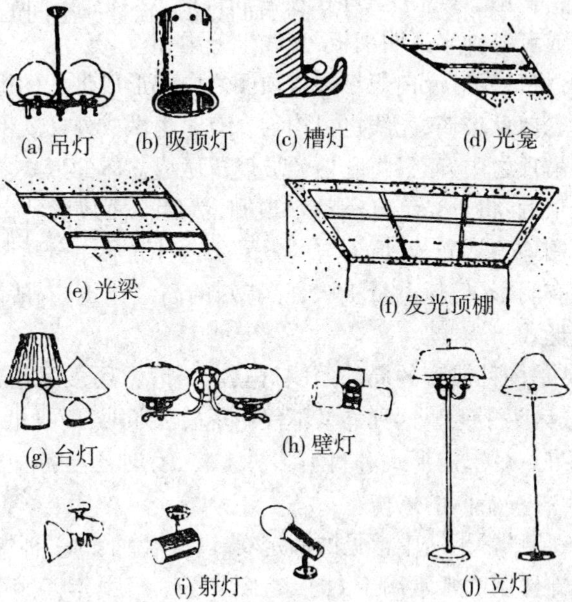

图4-4　灯具的形式

吸顶灯:灯体直接固定在顶棚上,连接体很小,不像吊灯那样有很长的连线管。这种灯具的形式很多,有带罩和无罩的白炽灯与日光灯。白炽灯一般多采用乳白玻璃做灯罩,日光灯一般都选用白色的有机玻璃做灯罩。

嵌顶灯:一般都镶嵌在吊顶里,而不暴露在外面。这种灯具又可分为散光型和聚光型两种。嵌顶灯又叫筒灯,由于灯泡设置在筒底,一般人眼看不到,所以多做成敞开形式,不过也有开口处设羽板形式的,它具有改变灯具外形和控制光的强弱等作用。

槽灯:属于间接照明类型,一般常称之为反光灯槽,它的形式也是很多的。槽灯一般是将灯具隐藏在沟槽或檐板后面,靠反光来照明,光质比较柔和,在公共环境中经常使用。槽灯有组合式、侧向式、平行式等形式。

光龛:将日光灯或白炽灯在顶棚局部嵌入。它的下面常敷设乳白色玻璃或者各种半透明羽板,光线十分柔和。

光梁:将日光灯或白炽灯嵌入顶棚之中并形成带状的屋梁形式,下面敷设乳白色玻璃,光线也很均匀。有时也做成外凸式的,就是灯具不嵌入吊顶之中,而只将乳白色玻璃罩做成立体的形式。

发光顶棚:将日光灯排满整个顶棚,然后下面敷设乳白色玻璃,使整个顶棚均匀散光,好像天空的效果。这种光质十分柔和,照在被照物上没有阴影,但耗电量极大,除特殊的高级建筑,一般均不采用这种照明形式。

台灯:是一种典型的局部照明灯具。一般常用于居住建筑的书桌、茶几或床头柜上。这种灯具不仅用于局部照明,而且也具有一定的装饰效果。灯罩的形式和材料多种多样,有时还与各种艺术品相结合,具有各种不同的风格。

壁灯:是日常生活中常见的固定安装在墙壁上的一种灯具,具有很强的装饰作用。常常用于大厅、走廊、柱子、门厅、浴室和卧室等空间环境。

立灯:是立在地上的灯,也是一种局部照明灯具,常设置在沙发后面,用于客厅休息和待客与交谈空间。它的材料和形式也是多种多样的,配合不同的室内环境可以有各种各样的风格。

射灯:是一种光度极强的用于局部照射的灯具,它的种类也是多种多样的,有吊杆式、嵌入式、吸顶式和轨道式等,灯的照射角度可以任意调节,在室内多用于局部需要特别照射的装饰物上,如挂画、工艺品、雕塑、壁画和其他装饰物等。

4.28 窗户不同玻璃材料及窗台高度对天然采光的影响

1)不同玻璃材料的影响

采用乳白色玻璃、玻璃砖等扩散透光材料,可以在一定程度上提高房间深处的照度。

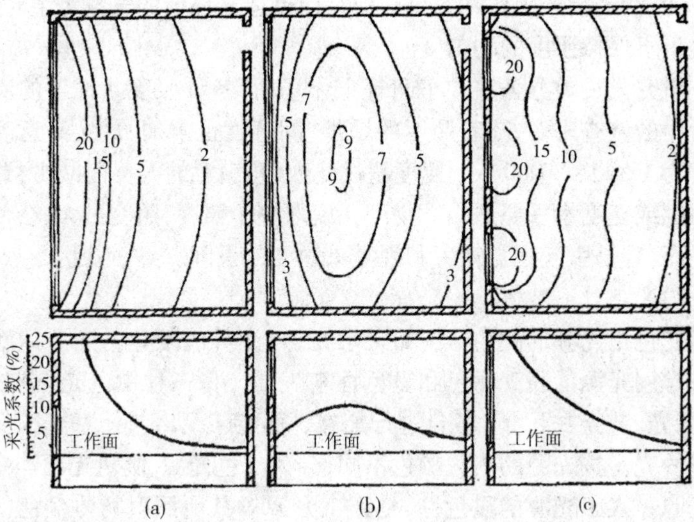

图 4-5　窗户位置对室内天然采光的影响

2)窗台高度的影响

(1)窗台高度变高时,室内深处的照度变化不大,近窗处的照度变化很大,而且出现拐点(如图 4-5(a)、(b)所示)。

(2)窗台高度不变,窗的上沿高度降低时的室内照度的变化,近窗处照度变小,离窗远处照度的下降明显(如图 4-5(a)、(c)所示)。

4.29　光环境的影响因素

1)适当的照度和亮度

保证光环境的光量和光质量的基本条件是照度和亮度。在光环境中辨认物体的条件有:物体的大小、照度或亮度、亮度对比或色度对比、时间。这四项是互相关联、相辅相成的。其中只有照度和亮度容易调节,其他三项较难调节。可以说,照度和亮度是明视的基本条件。

照度的均匀度对光环境有直接影响,因为它对室内空间中人们的行为、活动能产生实际效果。但是以创造光环境的气氛为主时,不应偏重于保持照度的均匀度。

研究人员对办公室和车间等工作场所,各种照度条件下的满意度所做的调查表明,随着照度的增加,满意度也增加,最大满意度的照度为1 500～3 000 lx。照度超过此数值,满意的人反而减少,这说明照度或亮度水平要适当。物理亮度取决于照度,照度过大,会使物体过亮,容易引起视觉疲劳和视觉灵敏度的下降。

2)光色

光色指光源的颜色, 例如天然光、灯光等的颜色。光源的颜色质量常用光源的表观颜色和显色性来表征。将三种单色光(例如红光、绿光、蓝光) 混合, 各自进行加减, 就能匹配出与任意光的颜色相同的光。按光源的表观颜色不同,分为冷色光源、暖色光源和中间色光源。人工光源的显色性,是人工光源对其所照射物体颜色的影响作用,表现出它照射到物体时的可见度。在光环境中光还能激发人们的心理反应,如温暖、清爽、明快等, 因此在光环境中应考虑光色的影响。

3)合理的照度、亮度分布

通常距地面高0.7～0.8 m的水平面为工作面。考虑到人眼的明暗视觉适应过程,工作面上的照度应该尽可能地均匀,否则很容易引起视觉疲劳。通常认为空间内照度最大值、最小值与平均值相差不超过1/6,是可以接受的。

4)周围亮度

人们观看物体时, 眼睛注视的范围与物体的周围亮度有关系。根据试验,容易看到注视点的最佳环境是周围亮度大约等于注视点亮度。就一般经验而论,周围环境较暗,容易看清楚物体,但是周围环境过亮,便不容易看清楚。因此,在光环境中周围亮度以比视觉对象暗些为宜。

5)视野外的亮度分布

人眼的视野很宽,在工作房间里,除所看对象外,工作面、天棚、墙、窗户和灯具等都会进入视野，视野以外的亮度分布指室内顶棚、墙面、地面、家具等表面的亮度分布。这些物体的亮度水平和亮度对比构成人眼周围视野的适应亮度。如果它们与中心视野内的工作对象亮度相差过大，就会加重眼睛瞬时适应的负担，或产生眩光。此外，房间主要表面的平均亮度，形成房间明亮程度的总印象，其合理亮度分布会使人产生舒适的感觉并且有利于提高工作效率。

6）眩光

当视野内出现高亮度或过大的亮度对比时，会引起视觉上的不舒适、烦躁或视觉疲劳，这种高亮度对比称为眩光。它是评价光环境舒适性的一个重要指标。当这种亮度或大亮度对比被人眼直接看到时，称"直接眩光"；若是从视野内的光滑表面反射到眼睛，则称"反射眩光，或"间接眩光"。眩光会使人感到不舒适，引起不舒适感觉或降低观看细部或目标的能力。眩光在光环境中是有害因素，故应设法控制或避免。

7）阴影

在光环境中无论光源是天然光或人工光，当光存在时，就会存在着阴影。在空间中由于阴影的存在，才能突出物体的外形和深度，因而有利于光环境中光的变化，丰富了物体的视觉效果。在光环境中希望存在着较为柔和的阴影，而要避免浓重的阴影。

4.30 室内光污染的危害

随着社会的进步与发展，光污染正在严重损害着人体健康，其主要污染源及其危害如下。

1）现代化的灯光系统造成的污染

随着现代文明的发展，人工照明被使用得越来越广泛，而正是这些灯光，会带来不易察觉的隐性污染。英国研究人员试验证明，日光灯是引起偏头疼的主要原因之一。荧光灯照射时间过长会降低人体对钙的吸收能力，从而导致人体缺钙。五光十色的霓虹灯、耀眼的强光，能导致生物体内大量细胞遗传变性，使不正常的细胞增加，扰乱肌体自然平衡，引起头晕、烦躁、失眠等"光害综合征"。现代化的灯光，在某些情况下，其危害程度不亚于有毒气体和噪声污染，据美国调查，230名新生儿中，出生后眼睛暴露在强烈灯光下的，其损伤率达3.6%。现代生活固然离不开灯光，但在使用中可采取各种措施，如正确调节使用人工照明、尽量利用自然光、经常开窗让阳光进入室内，从而预防或减少光污染。

2）光线过强、过杂造成的光污染

日常生活中的建筑和室内装修采用镜面、瓷砖和白色粉刷的日益增多，近距离读写使用的书纸张也越来越光滑，人们几乎把自己置身于一个“强光弱色”的人造视觉环境中。据科学测定：一般白粉的光反射系数为69%～80%，镜面玻璃的光反射系数为82%～88%，特别光滑的粉墙和洁白的书用薄纸张的光反射系数高达90%，比草地、森林或毛面织物高10倍左右，这个数值大大超过了人体所能承受的生理适应范围，构成了现代新的污染源。研究表明，光污染可对人的眼角膜和虹膜造成伤害，抑制视网膜感光细胞功能的发挥，引起视疲劳和视力下降。

另外，旋转活动灯及彩色光源对眼睛也不利，而且可干扰大脑中枢神经，使人感觉头晕目眩，出现头痛、失眠、注意力不集中、食欲下降等症状。

视觉环境已经严重威胁到人类的健康生活和工作效率。为此，应提高对光污染危害的认识，改善视觉环境。

4.31 光污染的分类

依据不同的分类原则，光污染可以分为不同的类型，如白亮污染、眩光污染等。

国际上一般将光污染分成三类，即白亮污染、人工白昼和彩光污染。

1）白亮污染

当太阳光照射强烈时，城市里建筑物的玻璃幕墙、釉面砖墙、磨光大理石和各种涂料等装饰反射光线，明晃白亮、眩眼夺目。专家研究发现，长时间在白色光亮污染环境下工作和生活的人，视网膜和虹膜都会受到程度不同的损害,视力急剧下降,白内障的发病率高达45%。还使人头昏心烦,甚至发生失眠、食欲下降、情绪低落、身体乏力等类似神经衰弱的症状。

夏天,玻璃幕墙强烈的反射光进入附近居民楼房内,增加了室内温度,影响正常的生活。有些玻璃幕墙是半圆形的,反射光汇聚还容易引起火灾。烈日下驾车行驶的司机会出其不意地遭到玻璃幕墙反射光的突然袭击,眼睛受到强烈刺激,很容易诱发车祸。

据光学专家研究,镜面建筑物玻璃的反射光比阳光照射更强烈,其反射率高达82%~90%,光几乎全被反射,大大超过了人体所能承受的范围。长时间在白色光亮污染环境下工作和生活的人,容易导致视力下降,产生头昏目眩、失眠、心悸、食欲下降及情绪低落等类似神经衰弱的症状,使人的正常生理及心理发生变化,长期下去会诱发某些疾病。夏天,玻璃幕墙强烈的反射光进入附近居民楼房内,破坏室内原有的良好气氛,也使室温平均升高4~6 ℃,影响正常的生活。

2)眩光污染

汽车夜间行驶时照明用的大灯,厂房中不合理的照明布置等都会造成眩光。某些工作场所,例如火车站和机场以及自动化企业的中央控制室,过多和过分复杂的信号灯系统也会造成工作人员视觉锐度的下降,从而影响工作效率。焊枪所产生的强光,若无适当的防护措施,也会伤害人的眼睛。长期在强光条件下工作的工人(如冶炼工、熔烧工、吹玻璃工等)也会由于强光而使眼睛受害。

3)人工白昼

夜幕降临后,商场、酒店上的广告灯、霓虹灯闪烁夺目,令人眼花缭乱。有些强光束甚至直冲云霄,使得夜晚如同白天一样,即所谓人工白昼。在这样的"不夜城"里,夜晚难以入睡,扰乱人体正常的生物钟,导致白天工作效率低下。人工白昼还会伤害鸟类和昆虫,强光可能破坏昆虫在夜间的正常繁殖过程。

目前,大城市普遍、过多使用灯光,使天空太亮,看不见星星,影响了天文观测、航空等,很多天文台因此被迫停止工作。据有关统计,在夜晚天空不受光污染的情况下,可以看到的星星约为7 000个,而在路灯、背景灯、景观灯乱射的大城市里,一般只能看到20～60个星星。

4)彩光污染

舞厅、夜总会安装的黑光灯、旋转灯、荧光灯以及闪烁的彩色光源构成了彩光污染。据测定,黑光灯所产生的紫外线强度大大高于太阳光中的紫外线,且对人体有害影响持续时间长。人如果长期接受这种照射,可诱发流鼻血、脱牙、白内障,甚至导致白血病和其他癌变。彩色光源让人眼花缭乱,不仅对眼睛不利,而且干扰大脑中枢神经,使人感到头晕目眩,出现恶心呕吐、失眠等症状。科学家最新研究表明,彩光污染不仅有损人的生理功能,而且对人的心理也有影响。"光谱光色度效应"测定显示,如以白色光的心理影响为100,则蓝色光为152,紫色光为155,红色光为158,黑色光最高,为187。如果人们长期处在彩光灯的照射下,其心理积累效应也会不同程度地引起倦怠无力、头晕、神经衰弱等身心方面的病症。

5)激光污染

激光污染也是光污染的一种特殊形式。激光具有方向性好、能量集中、颜色纯等特点,而且激光通过人眼晶状体的聚焦作用后,到达眼底时的光强度可增大几百至几万倍,所以激光对人眼有较大的伤害作用。激光光谱的一部分属于紫外和红外范围,会伤害眼结膜、虹膜和晶状体。功率很大的激光能危害人体深层组织和神经系统。近年来,激光在医学、生物学、环境监测、物理学、化学、天文学以及工业等多方面的应用日益广泛,激光污染愈来愈受到人们的重视。

6)红外线污染

红外线近年来在军事、人造卫星以及工业、卫生、科研等方面的应用日益广泛,因此红外线污染问题也随之产生。红外线是一种热辐射,对人体可造成高温伤害。较强的红外线可造成皮肤伤害,其情况与烫伤相似,最初是灼痛,然后是造成烧伤。红外线对眼的伤害有几种不同情况，波长为7 500～13 000 Å 的红外线对眼角膜的透过率较高，可造成眼底视网膜的伤害。尤其是11 000 Å 附近的红外线，可使眼的前部介质（角膜、晶体等）不受损害而直接造成眼底视网膜烧伤。波长19 000 Å 以上的红外线，几乎全部被角膜吸收，会造成角膜烧伤（混浊、白斑）。波长大于14 000 Å 的红外线的能量绝大部分被角膜和眼内液所吸收，透不到虹膜。只是13 000 Å 以下的红外线才能透到虹膜，造成虹膜伤害。人眼如果长期暴露于红外线照射下可能引起白内障。

7）*紫外线污染*

紫外线最早是应用于消毒以及某些工艺流程。近年来，它的使用范围不断扩大，如用于人造卫星对地面的探测。紫外线的效应按其波长而有不同，波长为1 000～1 900 Å 的真空紫外部分，可被空气和水吸收；波长为1 900～3 000 Å 的远紫外部分，大部分可被生物分子强烈吸收；波长为3 000～3 300 Å 的近紫外部分，可被某些生物分子吸收。

紫外线对人体的危害主要是伤害眼角膜和皮肤。造成角膜损伤的紫外线主要为2 500～3 050 Å 部分，而其中波长为2 880 Å 的作用最强。角膜多次暴露于紫外线，并不增加对紫外线的耐受能力。紫外线对角膜的伤害作用表现为一种叫做畏光眼炎的极痛的角膜白斑伤害。除剧痛外，还导致流泪、眼睑痉挛、眼结膜充血和睫状肌抽搐。紫外线对皮肤的伤害作用主要是引起红斑和小水疱，严重时会使表皮坏死和脱皮。人体胸、腹、背部皮肤对紫外线最敏感，其次是前额、肩和臀部，再次为脚掌和手背。

4.32 预防室内光污染

营造环保、健康、节能和精美舒适的“绿色光环境”，除美观、安全、经济的原则外，还要考虑以下原则。

1）*功能要求*

根据不同的空间、不同的场合、不同的对象，选择不同的照明方式和灯具，并保证恰当的亮度。例如，卧室要温馨，书房和厨房要明亮、实用,客厅要丰富,卫生间要柔和等。根据我国相关要求规定,健康的室内功能空间照度指标应达到的要求如表 4-3 所示。

表 4-3　空间照度指标

房间	照度指标(lx)	房间	照度指标(lx)
客厅、起居室	150～200	厨房	150～200
卧室	100～150	卫生间	100～150
书房	300～500	楼梯间	75～100

2)协调要求

在选择和设计灯光、灯具时,首先考虑灯饰与室内装修风格和家具格调的协调配套;其次注意灯具与居室空间大小、总的面积、室内高度等条件相协调,据此选择灯具的尺寸、类型、多少,如对于普通的住宅,选用吊灯时要注意其高度不能太高,否则会不协调;最后要注意色彩的协调,即冷色、暖色视用途而定。

3)科学合理

合理舒适的光环境一定要避免眩光,以利于消除眼睛疲劳,保护视力,提高工作和学习的效率。光线照射方向和强弱要合适,分布合理,避免直射人的眼睛。保持稳定的照明,光线不要时暗时明或闪烁。有的家庭在装饰装修时选用灯具和光源时往往忽视合理的采光需要,仅考虑豪华的一面,把灯光设计成五颜六色,刺眼眩目,这会给身体带来伤害。另外,一些写字楼使用无屏蔽的荧光灯,使许多长期在办公室工作的人多照射 5% 的紫外线。同时,荧光灯发出的紫外线还能使人体细胞大量死亡。

除室内灯光可造成光污染外,太阳光有时也会成为一种光污染源。人在阳光直射的室内工作或休息,将严重损害视力。若长时间受到过强紫外线、红外线照射,人的皮肤会出现红斑、烧伤,严重时还会导致中暑和皮肤癌。

4)安全要求

灯饰的制作材料种类很多,不同的材料有不同的特性,如玻璃、陶瓷灯具晶莹光洁,但质脆易碎;塑料灯经济美观,但易老化等。因此,要全面考虑灯饰的安全与耐用。

5)美观

在满足室内光环境基本要求的同时,可通过灯光的明暗、隐现、强弱等的控制,发挥灯光的光色结合作用,增加室内美观。

6)经济要求

室内灯光照明是为了人们工作生活的需要,不一定以多为好,关键是科学合理,最大程度地体现灯具的实用价值和欣赏价值,达到使用功能和审美功能的统一。

第 5 章　防止辐射污染

5.1　辐射的种类

日常生活中,辐射可分为天然辐射和人工辐射两种。

1)天然辐射

天然辐射指人类生活环境中天然存在的辐射,包括宇宙线、来自地表的辐射线、人体内的辐射线等。这些辐射有的来自太阳及其他星球,我们的身体本身也会放射辐射线。

(1)天然辐射及其照射途径有:来自外层空间的宇宙射线,经高能粒子形式的辐射。

(2)来自于自然界普通物质(如空气、水、泥土和岩石)中的天然放射。地壳是天然放射性核素的贮存库,尤其是原生放射性核素。

(3)土壤主要是由岩石的侵蚀和风化作用产生的,其中的放射性是从岩石中转移而来的。由于岩石的种类众多,受到自然条件的作用程度也不同,土壤中天然放射性核素的浓度变化范围是很大的,土壤的地理位置、地质来源、水文条件、气候以及农业历史等都会对土壤中天然放射性核素有重要影响作用。

(4)存在于岩石和土壤中的放射性物质,由于地下水的浸滤作用而受损失,地下水中的天然放射性核素主要来源于此途径。此外,黏附于地表颗粒土壤上的放射性核素,在风力的作用下,可转变成尘埃,进而转入到大气圈并进一步迁移到植物或动物体内,土壤中的某些可溶性放射性核素被植物根吸收后,在食物链中转移,最终成为食品和人体中放射性核素的重要来源之一。

(5)天然辐射对人体的照射途径主要有外照射和内照射两种。

①外照射是天然放射性物质在人体体外对人体的辐射。人体受到外照射的主要射线是 β 射线和 γ 射线。②内照射是放射性物质在人体内发生放射性衰变引起的照射。放射性物质一旦进入体内,

就会发生内照射。放射性物质可通过呼吸、消化道、进食及体表伤口等途径进入人体。

2）人工辐射

人工辐射是由于人类生活生产活动产生的辐射。如电脑辐射、手机辐射、家电辐射等。

辐射可划分为高能量的游离辐射和较低能量的游离辐射。高能量的游离辐射，通称放射线，如 X 射线、α 射线、β 射线、γ 射线等。对于 α 射线和 β 射线，只要辐射源不进入身体内部，一般影响不会太大；γ 射线的穿透能力很强，是一种波长很短的电磁波。较低能量的游离辐射，通称电磁波，如微波炉、移动电话、电台、显像管等发出的电磁波。游离辐射量大时，可致人或生物产生病变或死亡。

5.2 电磁辐射对人体的危害有哪些

电磁辐射是能量以电磁波形式从辐射源发射到空间的现象。电磁辐射对人体的危害主要表现为以下两方面。

（1）热效应。人体 70% 以上是水，当人体接受电磁辐射时，水分子受到电磁辐射后会相互摩擦，引起人体升温，从而影响到体内器官的正常工作。热效应会引起中枢神经和植物精神系统的功能障碍，主要表现为头晕、失眠、健忘等亚健康表现。

（2）非热效应。人体器官和组织都存在微弱的电磁场，它们是稳定有序的，当人体吸收电磁辐射后，即使辐射不足以引起体温增高，也会引起生理变化和反应。生活和工作在这种环境中过久，会出现头晕、疲乏无力、记忆力衰退、食欲减退等临床症状。

对人体各器官来说，电磁辐射的危害也是相当大的，下面逐一介绍。

（1）眼睛。晶状体对电磁波尤为敏感，损伤出现早而且明显。主要表现为晶状体水肿、凝聚，轻者出现局灶性混浊，重者全晶状体混浊，并见前囊上皮细胞和赤道部细胞变性坏死。动物试验表明，大功率电磁波照射后 1 个月晶状体即见发生上述病变，6 个月后增多、加重，1 年时全部发生。角膜的病变较晶状体轻，主要是上皮变薄、细胞变性和坏死，并见糜烂或溃疡发生。基质也常见解离现象。视网膜病变最轻，主要是色素紊乱，颗粒层细胞和视杆、视锥细胞变性，病变不仅限于黄斑部，波及范围一般较大。

强度为10～50 mW/cm^2 的微波辐射，可使眼的晶状体混浊，有色视野缩小，造成视力障碍。80～100 mW/cm^2 可造成白内障和眼睛永久性损伤。

(2)对生殖的影响。睾丸对微波辐射比较敏感，损伤阈比眼睛低一个数量级。微波的热效应抑制精子的生长，导致暂时性不育，但不损害间质组织，不影响血液中的睾酮含量。雌性生殖系统对微波不敏感。长期接触电磁辐射可导致男性性功能下降，女性月经紊乱，子代性别比例失调。电磁辐射对人类生殖危害的影响，包括男、女性不育，流产、早产、胎儿宫内发育迟缓、先天畸形、围产期死亡、基因病、儿童肿瘤(尤其是神经母细胞瘤和白血病)发生等已有较多的流行病学和动物试验资料报道。

流行病学调查显示:在极低频电磁场(ELF－EMF)工厂工作的男性其后代男孩比例轻度减少，而在相同环境工作的女性其后代男孩比例则明显减少。进一步的流行病学调查显示，不仅是孕妇，而且非妊娠妇女甚至是男性，暴露于电磁辐射均可引起后代女孩比例增加。如从事碳调节器工作的男性，其子代男孩比例明显降低;父亲受高频电磁场或强静电场辐射，或在高压电厂、雷达系统附近工作，其后代女孩比例增加。有学者据此认为，子代的性别比例失调可作为电磁辐射如微波辐射后生殖危害的评价指标之一。

(3)对神经系统的影响。中枢神经系统是微波辐射最敏感的部位。长期在低强度电磁辐射下生活和工作即可引起中枢神经系统功能紊乱，引起植物神经系统紊乱，会出现条件反射活动受抑制，出现头昏、嗜睡、记忆力减退、易激动、脱发、白发、脑电图慢波增多等神经衰弱症状，甚至出现“脑震荡综合征”及帕金森病、肌萎缩侧索硬化等病症。长期从事通信业的工作者老年性痴呆的发生率为对照组的3.22倍，职业性接触工频电磁场的女工老年性痴呆发病率也明显升高。

(4)对心血管的影响。动物试验表明:低强度电磁辐射长期作用,常发生血压低、心率改变、心动过缓、心电图变化、心肌缺血等现象。卫生调查表明:长期从事微波作业人员心悸及心前区疼痛发生率明显高于对照组。中高功率电磁波常引起心肌细胞的损伤,特别是窦房结、房室结、传导纤维的病变更为明显,轻者会导致细胞退变,重者则细胞坏死和凋亡。心电图可见 T 波倒置、ST 段升高、传导阻滞等,甚至出现缺血性改变、心前区疼痛及血压的波动。上述变化在照射后早期即可发生,并持续较长时间。血管病变一般较心脏为轻,严重时可出现血管痉挛、血容量减少,导致皮肤苍白、全身无力或晕厥。

(5)对内分泌及代谢的影响。普通功率电磁波早期即可造成垂体多种激素紊乱和促肾上腺皮质激素、皮质酮、类皮质激素、甲状腺素等升高,后期则呈现下降。垂体、肾上腺、甲状腺细胞均出现营养不良性改变,凋亡增多,并持续较长时间。同时睾丸生精细胞和间质细胞发生损伤,睾酮水平下降,卵巢也见卵泡细胞退变、雌激素分泌紊乱。

(6)对消化系统的影响。对其他器官系统的影响:对消化腺的影响比消化道明显,主要是肝功能异常,转氨酶活力升高,肝细胞退行性病变,超微结构病变更为明显,严重时发生细胞凋亡、脂肪变性,偶有小灶状肝细胞坏死,晚后期有肿瘤发生。胰腺于后期常见萎缩,腺末房萎缩变小,酶原颗粒减少,并可见胰岛细胞变性、坏死。唾液腺(如颌下腺等)也常见末房细胞的退行性病变。食道、胃、小肠、大肠等消化道偶见黏膜低平、腺窝细胞核分裂减少。

(7)对血液和造血系统的影响。中小功率电磁波照射后早期即见外周血红细胞、白细胞、血小板不同程度降低,高功率照射后更明显。骨髓组织早期即见充血出血、水肿,粒系、红系细胞和巨核细胞发生退变,甚至凋亡和坏死,DNA 含量降低,细胞增殖能力下降,1 ~ 4 周更为明显,造血细胞数量减少,脂肪细胞增多,并见“巨核细胞被噬”现象及凝血功能下降。上述损伤可持续1年以上仍未完全恢复,造血组织呈重建不良现象。

(8)对免疫的影响。免疫系统对电磁波较为敏感,主要引起免疫抑制反应、功能下降,早期可见外周血淋巴细胞减少,T细胞及其亚群比例失调,免疫球蛋白下降,白细胞吞噬功能减弱,外周血淋巴细胞凋亡率增高,淋巴组织(脾、淋巴结、胸腺等)淋巴细胞变性、凋亡和坏死。浆细胞、网织细胞也常见不同程度的损伤。动物试验表明,高功率电磁波照射后1年,淋巴组织重建不良。

5.3 电磁辐射的污染源有哪些

(1)电脑、电视、音响、微波炉、电冰箱等家用电器;

(2)手机、传真机、通信站等通信设备;

(3)高压电线以及电动机、电机设备等;

(4)飞机、电气铁路等;

(5)广播、电视发射台、手机发射基站、雷达系统等;

(6)电力产业的机房、卫星地面工作站、调度指挥中心等;

(7)应用微波和X射线等的医疗设备等。

5.4 家庭中辐射的来源

1)电视机辐射

电视机的低频辐射是电视机对人体伤害中最不易觉察的,也是最严重的一种伤害。它是电视机屏幕内的显像管发射的微量紫外线,可以导致头晕、呕吐、记忆力衰退,甚至引发癌变和婴儿畸形。

传统显像管电视机的辐射多来自于电视机的侧面和后面,这跟其工作原理有关系。相对传统显像管电视机而言,液晶电视机和等离子电视机的辐射就小得多,这也是由其工作原理决定的。

减少或预防电视机的辐射方法包括以下几方面:

(1)避免多种家电同时启用;

(2)看电视时室内有适当照明,屏幕不宜太亮,平时看电视可稍俯视;

(3)有条件的可在显示屏上贴保护膜或滤光膜;

(4)看电视的距离要适中，距离荧光屏的对角线长度 4 ~ 5 倍最好，一般不超过 7 倍；

(5)看电视时间不宜过长，不要连续超过 2 小时，中间穿插一些运动或每隔 30 分钟最好休息一下；

(6)看完电视后清洁脸部，及时清理面部皮肤吸收的辐射物质。

2)微波炉辐射

电磁辐射的强度与距电器距离的平方成反比，据测定，微波炉在工作时，其产生的磁场强度为 543 mGs，若距离 10 cm，磁场强度立即降低为 43 mGs，若距离再远，强度会再下降，降低到 1 mGs 以下时，对人体无害。研究表明，当人眼靠近微波炉泄漏处约 30 cm，微波能达 1 mW/cm^2 时，会突然感到眼花，检查眼底可见视网膜黄斑部上方有点状出血。人体最容易受到微波伤害的部位是眼睛的晶体，如果眼睛较长时间受到超过安全规定的微波辐射，视力会下降，甚至引起白内障。为了保障使用者的健康，国际电工委和我国有关部门规定，在微波炉门外 5 cm 处，测得微波的泄漏不得超过 5 mW/cm^2。

减少微波炉辐射的措施如下：

(1)在购买之前考虑好微波炉的位置，要给微波炉留下足够的空间，以免使用时距离它太近，伤害身体。

(2)使用微波炉必须按照说明书的规定正确操作，以免人为造成微波炉的泄漏扩大。应经常检查炉门是否有机械性损伤，若开启不正常应及时送到专业部门维修，防止微波泄漏。

(3)使用微波炉时保持适当距离。

3)电磁炉辐射

电磁炉利用电磁感应产生磁涡流加热食品，在其工作过程中会产生极低频电场与磁场，对一定范围内的环境会构成电磁污染。电磁炉的电磁辐射污染主要是由磁泄漏引起的，磁泄漏的程度由电场强度与磁场强度来衡量。如果血液中存在磁性物质，则容易受磁诱发作用，造成重金属在体内积累，妨碍血液和细胞的正常活动等，给身体造成伤害。

减少电磁炉辐射的方法如下：

(1)电磁炉和微波炉使用时的注意事项比较相似，即使用时尽量保持距离，不要靠得太近，靠得越近越容易被辐射，通常与电磁炉保持 20 cm 以上的距离较为安全。

(2)使用电磁炉的时间不要过长，如果经常较长时间地使用电磁炉，应尽可能选择有金属隔板的。因为在正常情况下，电磁炉如果在金属板下方，电磁辐射量明显降低。相反，隔离设计不好或电磁炉直接放在桌面上，辐射量会增大很多。

(3)选用电磁炉专用锅具。理想的电磁炉专用锅具应以铁和钢制品为主，因为这一类铁磁性材料会使加热过程中能量转换率高，磁场外泄相对较少。

(4)在购买电磁炉时向销售人员索要电磁感应强度测试报告，从而选择低场强的产品，此外，还可准备不锈钢纤维制作的防电磁围裙，或防电磁辐射手套等，都可以减少电磁炉辐射的危害。

4)电脑的电磁辐射

因为电脑有一定的辐射源，会直接造成人体的内分泌系统的紊乱，从而使皮肤代谢不规律等。电脑产生的低频辐射对人体是一个累积、隐性、长期的慢性伤害。房间里电脑数量越多，摆放越密集，空气中的低频电磁辐射量越大，对人体的伤害也越大。

电脑辐射的主要危害如下：

(1)电脑的低频电磁辐射，对人体有伤害，受害程度与接受辐射的积累剂量有关。

(2)伤害作用对不同人群有差异，妇女、少年儿童、老年体弱者为敏感人群，特别对胎儿损害更大。

(3)对人体的神经系统功能、免疫系统功能、循环系统功能和生命发育功能等产生影响。

(4)人们长期超强度在电脑的电磁辐射环境中，会导致头晕、头痛、耳鸣、眼睛干涩、视力下降、食欲不振、记忆力减退等症状。

减少电脑辐射的方法如下：

(1)连续操作电脑时间不宜过长，中间应注意休息。要保持一个最适当的姿势，眼睛与屏幕的距离适当，使双眼平视或轻度向下注视荧光屏。

(2)使用者的座位与电脑的距离不少于70 cm，与电脑两侧和后部保持的距离不少于120 cm。

(3)室内要保持良好的工作环境，保证通风、舒适的温度、清洁的空气、合适的阴离子浓度和臭氧浓度等。

(4)电脑室内光线要适宜，不可过亮或过暗，避免光线直接照射在荧光屏上而产生干扰光线。工作室要保持通风干爽。

(5)电脑的荧光屏上要使用滤色镜，以减轻视疲劳。最好使用玻璃或高质量的塑料滤光器。

(6)安装防护装置，削弱电磁辐射的强度。

(7)注意保持皮肤清洁。电脑荧光屏表面存在着大量静电，其集聚的灰尘可转射到脸部和手部皮肤裸露处，时间久了，易发生斑疹、色素沉着，严重者甚至会引起皮肤病变等。

(8)注意补充营养。电脑操作者应多吃些胡萝卜等维生素A含量高的食物。

5)手机的辐射

当人们使用手机时，手机会向发射基站传送无线电波，而任何一种无线电波或多或少地被人体吸收，从而改变人体组织，有可能对人体的健康带来影响，这些电波就被称为手机辐射。

如果所使用手机的微波超过国家规定的微波卫生标准，对人体就会产生危害，有40%被机体吸收到深部，使器官发热，而人无感觉。研究表明，高频微波除对人的神经、血液、免疫系统及眼部等造成损害外，还对人体的生殖和胚胎发育有影响，对男性的生殖功能影响明显，如使精子数量明显减少，精子活力不足。对女性内分泌功能的影响为：使女性月经异常发生率明显增加。

此外，美国研究人员称手机辐射能改变人类基因，尽管这个报告还不能证明手机辐射能破坏DNA，但部分试验表明，这些辐射可以导致人体血液细胞的基因改变；一名英国专家也曾提出警告，手机可能会释放出有毒的水银气体，对脑部造成损害，诱发老年痴呆症、帕金森症、多重硬化症、危害生育能力、未老先衰并失忆等，越来越多可怕的可能被科学家们证实。

减少手机辐射的注意事项如下：

(1)选择合格手机。要减少或杜绝辐射源的辐射泄漏，选用有进网许可证的手机，并配有合格手机电磁波防护套，进行非闭合屏蔽，一般防微波有效率为80%左右。

(2)手机与人体之间的距离决定了辐射被人体吸收的程度。因此，人与手机需要保持一定距离。

(3)手机不应放在腰部，防止微波对人体内脏的损害(如卵巢、肝等器官)。手机的辐射范围是一个以它为中心的环状带。

(4)尽量少使用手机，例如身边有普通电话时应尽量不使用手机，以减少微波对人体的辐射次数和时间，即使用手机，也应长话短说。

(5)儿童、孕妇、哺乳和月经期妇女不应使用手机。

(6)不少人喜欢躲到建筑物的角落接听。而一般情况下，建筑物角落的信号覆盖比较差，因此会在一定程度上使手机的辐射功率增大。基于同样的道理，身处电梯等小而封闭的环境时，也应慎打手机。

(7)手机使用者应在饮食上多食富含优质蛋白质、磷脂、B族维生素的食品。

6)电吹风的辐射

据检测，一般普通家用1 000 W的电吹风，其辐射值达到350 mGs左右，远高于电视机和电脑显示器的45 mGs和100 mGs，因此电吹风是具有辐射的家用电器，且功率越大辐射也越大，特别是在开启和关闭的时候辐射最大，并且电吹风在使用时离头部较近，所以辐射的危害不言而喻。

但是，由于电吹风的使用时间很短，因此按照电磁波的辐射危害公式“强度×时间”来计算,只要在使用中加以注意,是可以减少和避免危害发生的。

使用电吹风的注意事项如下:

(1)选用功率较小的电吹风,这样电磁波的辐射相对会小一点;

(2)使用时间尽量短,还要尽量离头部远一点;

(3)电吹风的风力和设计温度都有分挡,使用时尽可能选择风力较小、温度较低的挡位,这样释放的电磁波相对较弱。

7)电冰箱的辐射

电冰箱在工作时,后侧方或下方的散热管线释放的磁场高出前方几十倍甚至几百倍,冰箱的散热管积尘越多则电磁辐射越强。

减少电冰箱的电磁辐射的注意事项如下:

(1)冰箱尽可能放在人不常逗留的场所;

(2)在冰箱工作时尽量远离它;

(3)清洁冰箱散热管的灰尘,保持清洁。

部分家电磁场数据见表5-1。

表5-1　部分家电磁场数据　　(单位:mGs)

电器产品	3 cm距离	1 m距离
电视	25~500	0.1~1.5
微波炉	750~2 000	2.5~6
吹风机	60~2 000	0.1~3
冰箱	5~17	<0.1
剃须刀	150~15 000	0.1~3
洗衣机	8~500	0.1~1.5
吸尘器	2 000~8 000	1.3~20
台灯	400~4 000	0.2~2.5

5.5　怎样防止电磁波造成的危害

(1)提高自我保护意识。重视电磁辐射可能对人体产生的危害，多了解有关电磁辐射的常识，学会防范措施，加强安全防范。如：对配有应用手册的电器，应严格按指示规范操作，保持安全操作距离等。

(2)注意室内家用电器的设置。不要把家用电器摆放得过于集中，以免使自己暴露在超剂量辐射的危险之中。特别是一些易产生电磁波的家用电器，如收音机、电视机、电脑、冰箱等电器更不宜集中摆放在卧室里。

(3)注意使用办公和家用电器时间。各种家用电器、办公设备、移动电话等都应尽量避免长时间操作，如电视、电脑等电器需要较长时间使用时，应注意至少每一小时离开一次，采用眺望远方或闭上眼睛的方式，以减少眼睛的疲劳程度和所受辐射影响。同时尽量避免多种办公和家用电器同时使用。手机接通瞬间释放的电磁辐射最大，在使用时应尽量使头部与手机天线的距离远一些，最好使用分离耳机和话筒接听电话。

(4)注意人体与家用电器距离。对各种电器的使用，应保持一定的安全距离。与电器越远，受电磁波侵害越小。如彩电与人的距离一般为荧光屏对角线的4~5倍，与日光灯管距离应在2~3 m，微波炉在开启之后要离开至少1 m远，孕妇和儿童应尽量远离微波炉。手机在使用时，应尽量使头部与手机天线的距离远一些，最好使用分离耳机和话筒接听电话。

(5)当电器暂停使用时，最好不要让它们处于待机状态，因为此时可产生较微弱的电磁场，长时间也会产生辐射积累。

(6)男性生殖细胞和精子对电磁辐射更为敏感。因此，男性应尽量减少与电磁波太频繁密集的接触，而且接触时也要保持安全距离，一般是0.5 m以上。

(7)电视、电脑等电器的屏幕产生的辐射会导致人体皮肤干燥缺水，加速皮肤老化，严重的会导致皮肤癌，所以在使用完上述电器后应及时洗脸。多食用一些胡萝卜、豆芽、西红柿、油菜、海带、卷心菜、瘦肉、动物肝脏等富含维生素A、C和蛋白质的食物，以利于调节人体电磁场紊乱状态,加强肌体抵抗电磁辐射的能力。

(8)注意电磁辐射污染的环境指数。如果长期涉身于超剂量电磁辐射环境中,应注意采取以下自我保护措施:①居住、工作在高压线、变电站、电台、电视台、雷达站、电磁波发射塔附近的人员,佩带心脏起搏器的患者,经常使用电子仪器、医疗设备、办公自动化设备的人员,以及生活在现代电器自动化环境中的人群,特别是抵抗力较弱的孕妇、儿童、老人及病患者,有条件的应配备针对电磁辐射的屏蔽服,将电磁辐射最大限度地阻挡在身体之外。②生活在现代电器自动化环境中的工作人员,电视、电脑等有显示屏的电器设备可安装电磁辐射保护屏,使用者还可佩戴防辐射眼镜,以防止屏幕辐射出的电磁波直接作用于人体。